사진 & 일러스트로 보는 꿈의 자동차 기술 **Motor Fan** illustrated

# Motor Fan

## illustrated Vol. 41

KB030994

# AWD & RWD

All Wheel Drive & Rear Wheel Drive

## 의 요소기술

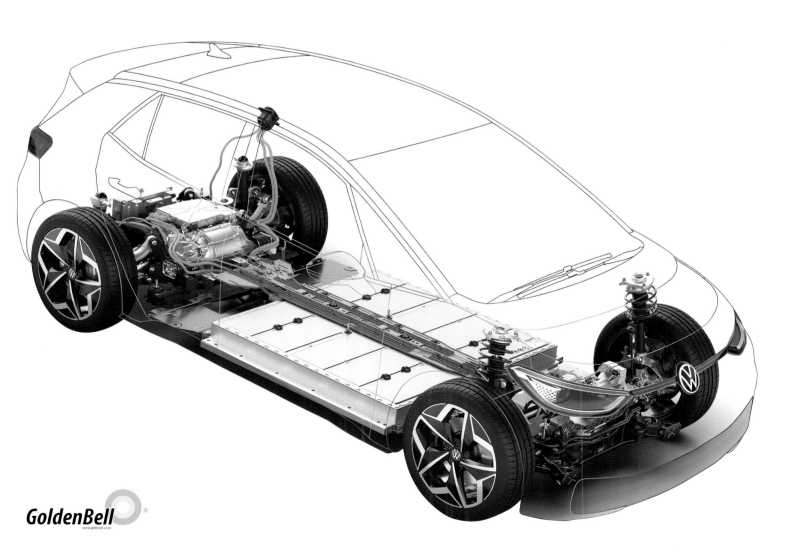

GoldenBell
www.gbbook.co.kr

# 004 도해특집 AWD 테크놀로지
## All Wheel Drive (Paradigm Shift)

# Motor Fan
### Special Edition
## illustrated
# CONTENTS

사륜구동을 통한 새로운 세대의 차량움직임과 자세제어

# AWD

## 테크놀로지

### All Wheel Drive(Paradigm Shift)

눈길이나 진창길에서의 주행성능이 중시되던 시대를 지나, AWD의 새로운 능력에 조종안정성을
담당하는 엔지니어들이 주목하기 시작했다.
토크배분을 스프링 상부의 자세제어나 스티어링 응답성 튜닝으로 활용하는 방법은 자동차의 핸들링이나 승차감을
크게 향상시킬만한 여지를 내포하고 있다.
지금 막 시작되고 있는 사륜구동=AWD의 변화에 관해 상세히 살펴보겠다.

사진 : 마쯔다

일본발 AWD=All Wheel Drive 유행이 과연 전 세계를 덮을 수 있을까.

AWD와 관련해 현재 일본의 OEM(Original Equipment Manufacture=자동차 메이커를 가리킨다. M=Manufacturing인 경우는 제조)에는 3가지 흐름이 있다.

첫 번째 흐름은 토요타와 스바루이다. 토요타의 스바루 출자 바탕으로 프로젝트가 진행됨으로써, 1960년대부터 이어져 오고 있는 스바루의 세단형 승용차용 AWD 기술적 노하우가 공유되고 있다. 또 토요타는 세계적으로 유명한 AWD인 랜드 크루저를 통해 강력한 영역을 구축하고 있다. 그런 두 곳이 연대하고 있는 것이다.

두 번째는 미쓰비시와 닛산. 닛산은 1950년대에 시작한 「지프」의 라이선스 생산과 그 연장선에서 태어난 「파제로」, 1980년대에 꽃 핀 랠리용 온오프 겸용 AWD를 거쳐 후륜 토크 벡터링이라는 세계를 열어젖힌 AWD의 명가이다. 닛산은 「사파리」「패트롤」같이 가혹한 환경 속에서 사용되는 AWD부터 승용차용 아텐자 시스템을 거쳐, R32형 「스카이라인 GT-R」로 시작되는 FR 스포츠카용 AWD 시스템을 갖고 있다. 이 두 곳도 강력한 콤비이다.

세 번째가 마쓰다. 1980년대에 일본 최초의 풀 파임AWD 사양을 「파밀리아」에 적용해 엔진을 가로로 배치한 FF형 풀 타임AWD 유행을 이끌었다. 현재는 전자제어 커플링을 사용하는 i액티브(i-ACTIV) AWD를 갖고 있다. 미세한 구동력을 사용한 코너링할 때의 전륜 접지하중을 의도적으로 증가시킴으로써, 차량자세를 안정되게

Illustration Feature :
**AWD PARADIGM SHIFT**
=
[INTRODUCTION]
**AWD
has changed.**

# 「흙길」에서 「포장도로」로 새로운 AWD가 차량자세를 바꾸다.

AWD=사륜구동이라고 하면 떠오르는 이미지는 진창길이나 울퉁불퉁한 오프로드 또는 모래밭이나 자갈길의 산이었다.
하지만 두드러진 변화의 물결은 포장도로가 더 잘 어울리는 AWD로 탈바꿈시키고 있다.
기술개발이 새로운 단계로 접어든 것이다.

본문 : 마키노 시게오  Acknowledgement : Experts and Doctors we trust.

하는 G벡터링으로 「구동력을 통한 자세제어」라는 새로운 길을 열었다. 현재는 AWD와 G벡터링의 융합을 추진 중이다.

이 3가지 움직임은 각각의 OEM 상품에 반영되면서 하나의 미래를 향하고 있다고 생각된다. xEV(어떤 방식이든 전동구동 시스템을 가진 자동차)에 대한 접목이다. 그런 일환으로 나타난 것이 앞뒤축에 각각 독립적 모터를 사용하는 AWD이다. BEV(Battery Electric Vehicle)분만 아니라 HEV(Hybrid Electric Vehicle) 및 PHEV(Plug-in Hybrid Electric Vehicle)에서도 앞뒤축 독립구동이 가능하다. 거기에는 앞뒤축이 기계적으로 연결되어 있지 않기 때문에 가능한, 새로운 AWD라는 존재가 있다. 이미 개발은 여기저기서 시작되었다. OEM만이 아니라 OEM의 의뢰로 설계를 지원하는

엔지니어링 회사도 다양한 제안을 하고 있다.

이런 움직임 외에도 일본에는 독특한 AWD가 있다. 세계에서 가장 작은 오프로드 스즈키 「짐니」로 대표되는 경자동차 AWD이다. 일본은 국토면적의 약 70%가 산악지대인데다가 대부분이 적설지여서, 일상생활에서 좁은 길을 이용한 높낮이 이동을 할 수밖에 없는 현실이다. AWD가 발전할만한 환경이었던 것이다. 지금 경자동차에도 BEV화 요구가 넘쳐나고 있지만, 일상생활과 밀착된 경자동차는 애초부터 사용자가 얻는 장점을 우선시해야 하는 존재이다. BEV와 AWD의 양립은 경자동차 같은 카테고리에서는 쉬운 일이 아니다. BEV보다 AWD가 더 우선시된다.

## 커브를 돌 때의 타이어

반드시 선회하는 바깥쪽 타이어로 하중이 걸린다. 반대로 선회하는 안쪽 타이어에서는 하중이 줄어든다. 타이어 자국은 그림처럼 「선회하는 바깥쪽으로 편중」되게 변화한다. 이때 접지하는 면적은 되도록 하중이 균등한 것이 이상적이다. 그러기 위해서는 타이어 성능분만 아니라 서스펜션 설계도 중요하다.

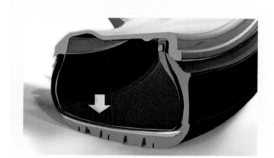

## 타이어 접지면적은 「구동력」에 의해서도 바뀐다.

아래 그림은 정지 상태인 자동차 타이어(205/55R16 사이즈)의 접지면적을 나타낸 것이다. 축 하중 배분은 앞 62%, 뒤 38%. 같은 크기의 타이어라도 이렇게 각 타이어가 받는 중량(하중)에 따라 타이어 자국이 다르다. 또 자동차가 달리기 시작하면 구동·제동이나 롤링(좌우방향으로의 흔들림), 피칭(앞뒤방향으로의 흔들림)으로 인해 각 바퀴가 받는 하중은 시시각각 달라진다.

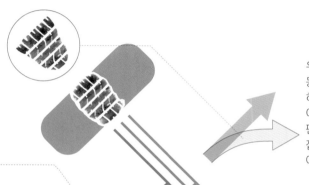

우측방향으로 커브를 돌면 자동차는 커브와는 반대쪽, 선회하는 바깥쪽 방향으로 하중이 이동한다. 선회하는 안쪽 서스펜션에서는 하중이 빠지지만, 접지성은 최대한 확보하는 것이 좋다.

### 전륜구동 베이스의 AWD

**메인 구동력은 앞바퀴**
○ FF(Front engine·Front drive)에는 엔진을 가로로 배치(=출력축이 앞축과 평행)하는 경우와 엔진을 세로로 배치(=출력축이 앞축과 직각)하는 경우가 있다. 둘 다 구동력 배분기구에서 프로펠러 샤프트를 매개로 뒤축으로 구동력을 전달한다.

### 후륜구동 베이스의 AWD

○ FR(Front engine·Rear drive)에는 차량 앞쪽에 있는 엔진에서 프로펠러 샤프트를 매개로 뒤축으로 구동력을 전달한다. 그 중간 어디쯤에 앞축으로 구동력을 전달하는 배분기구가 있다.
○ MR(Midship engine·Rear drive)은 엔진이 뒤축 근처에 있다. 뒤축으로 구동력을 배분기구도 그 근처에 있으며, 앞바퀴 구동력은 프로펠러 샤프트를 통해 전달된다.
○ RR(Rear engine·Rear drive)은 MR의 경우와 거의 비슷하다.

### 앞뒤축은 어떻게 연결되어 있을까

한 가지 동력원으로부터 구동력을 앞뒤축으로 배분하는 방식에는 몇 가지 종류가 있다.
○ 선택방식(셀렉티브) : 앞뒤를 체결하거나 분리하는 양자택일을 운전자가 선택하는 방식.
○ 커플링 방식 : 정해진 조건이 되면 자동적으로 AWD⇄2WD 전환된다. 풀타임 AWD로 사용하는 방법도 가능해졌다.
○ 센터 디퍼렌셜 방식 : 항상 앞뒤축이 기계적으로 연결되어 있다. 비스커스 커플링 등 점성 클러치도 기능은 동일.

### 전후 독립구동

**앞축과 뒤축 사이에 기계적인 연결이 없는 방식**
○ FF차의 뒤축을 구동하는 전기모터를 추가하는 경우.
○ 앞축을 구동하는 전동차에 뒤축을 구동하는 전기모터를 추가하는 경우.
○ MR 또는 RR의 뒤축을 구동하는 전동차에 뒤축을 구동하는 전기모터를 추가하는 경우.

경자동차까지 포함해 대부분의 일본 자동차에 AWD가 장착된 배경에는 1990년대 초기 안전에 대한 활발한 논의가 있었다. 1980년대 말의 버블경제 돌입으로 자동차가 많이 팔리면서 제2차 교통전쟁으로 불리는 사태에 빠졌다. 교통사고 자체는 사람(운전자만 가리키는 것이 아니다)과 자동차, 도로환경이 서로 얽혀서 벌어지는 일이지만, 미디어가 공격하기 쉬운 것은 자동차였다. 그때 정부의 요청도 있었기 때문에 일본 OEM들은 모든 차종에 AWD를 설정하게 된 것이다.

그 결과 OEM들은 이 분야에서의 상품력을 갖추게 된다. 다른 OEM 시스템에는 없는 특징을 반영하기 위한 연구개발이 진행되었다. 경자동차도 결코 예외는 아니었다. 구미에서는 「가격이 싸니까 어쩔 수 없다」하고 끝냈지만(이것도 문화의 성숙도일까) 돌아보니 일본은 AWD 대국이 되어 있었다. 그 모습이 앞서 언급한 각 OEM에 의한 상품개발이다.

그렇다면 AWD를 순수하게 기술적, 차량운동 이론적으로 봤을 때는 어떨까.

많은 기술자가 「AWD가 구동방식으로는 이치에 맞는다」고 말한다. 그 이유는 단순히 자동차를 「앞으로 나아가게 하는」것 만이 아니기 때문이다. 예전 1980년대에 아우디가 세상에 내놓은 AWD 시스템 「콰트로(Quatro)」를 효시로 하는 기술적 유행은, 포장도로(온로드)에서도 항상 4개 바퀴 전부를 구동바퀴로 사용함으로써 스태빌리티=안전성을 얻기 위한 것이었다.

1980년대에 필자가 아우디 기술진을 인터뷰했을 때 그들이 말했던 것이 「직진에서 미세하게 조향하는 각도 영역에서의 고속안전성」이었다. 앞뒤축의 작동기구인 센터 디퍼렌셜을 사용해 어렵게 선회하던 상태를 해소하는 기술은 당시에 혁명과 같았다. 그로부터 약 40년이 흐른 지금, 온로드 AWD가 「한계영역분만 아니라 일상영역에서도 차량거동에 안정을 가져다준다」는 사실이 이론적으로도 확립되었다.

전 세계에서 다수를 차지하는 C세그먼트 승용차는 4개 타이어의 합계 접지면적이 잘해야 A4 크기의 종이와 비슷한 정도이다. 이 책이 세로297×가로235mm이니까 약 700cm²이다. 앞뒤축 중량배분이 60%를 약간 넘고 40%에 약간 못 미치는 FF승용차가 205 크기의 타이어를 신을 경우, 접지면적은 앞 170cm²×좌우에 뒤 110cm²×좌우 정도이다. 이 4륜 합계가 종이 1장 면적밖에 안 되는 접지면적으로 1.5톤 정도의 무게를 감당하면서 노면과의 마찰을 사용해 달리고, 돌고, 서는 기능을 소화하는 것이다.

어떤 타이어에도 마찰력에는 한계가 있다. 한계를 넘어서면 노면과 밀착하지 못하면서 자동차는 미끄러지거나 뜨는 상태가 된다. 4개 타이어가 갖는 마찰력을 최대한으로 끌어내려면 타이어 하중을 분산시키는 것이 좋다. 특히 조향바퀴와 구동바퀴를 겸하는 FF차 같은 경우는 그냥 굴러가기만 하는 뒷바퀴를 구동에 참가시키면 앞바퀴의 부담을 줄일 수 있다.

일본에서 유행했던 생활형 AWD 승용차는 적설·한랭지가 많은 지리적 조건과 맞을 뿐만 아니라, 운전자로 하여금 안심할 수 있도록 해주는 심리적 장점을 가져왔다. 각 OEM은 이 심리적 안심감을 주는 이유를 연구하고 정량화하는 노력을 통해 개발목표에 반영하고 있다. 동시에 자동차가 간과해서는 안 되는 차량운동성의 추구와 글로벌한 상품경쟁력 향상이라는 전략 측면에서도 AWD 기술은 결코 지류가 아니다. 그것이 일본에서 AWD가 현재 처한 위치이다.

이번 특집에서는 흙길=진창이나 비포장도로 주파성능을 극복하기 위해서 시작된 AWD 기술이 걷고 있는 새로운 길과 온로드에서의 차량안정성 및 차량자세 제어를 중심으로, 현시점에서의 기술적 성과를 살펴보았다. 연구개발은 지금도 진행 중이다.

# CHAPTER 1

# BASIC

## 구동력에서 얻는 「안전」과 「쾌적」

## 지향하는 바는 『일상부터 한계까지』

지금까지는 경험이 지배했던 AWD의 주행이 점점 이론화되었다.
이 분야의 연구를 이끌고 있는 곳은 유럽이나 북미가 아니라 일본이다. 4륜이 구동력을 서로 분담하는 이점이 점점 넓어지고 있다.

본문 : 마키노 시게오  Acknowledgement : Experts and Doctors we trust.

지구에는 중력(G=Gravity)이 작용하고 있어서 모든 물체는 지구의 중심을 향해서 끌려가도록 되어 있다. 보통 우리가 무의식 상태로 느끼는 1G는 걷거나 달리거나 볼을 던지거나 문건을 쓰거나 하는 행동에 있어서 필수적이다. 중력이 있기 때문에 생활할 수 있는 것이다.

자동차에도 G가 작용한다. 정지상태에서는 앞축과 뒤축의 무게균형이 그대로 지면에 대한 접지하중이 된다. 이것은 설계단계에서 결정된다. 그러나 일단 움직이기 시작하면 타이어의 트레드 면과 지면 사이에서 일어나는 마찰력 변화가 차량자세를 변화시키면서 여러 방향의 G가 자동차에 작용한다. 다음 일러스트는 그 G가 어떻게 바뀌는지를 일반론적으로 나타낸 것이다.

일정한 속도로 달릴 때(가속도 감속도 하지 않고 지금의 속도를 유지하는데 필요한 최소의 구동력으로 달리는 상태)는 거의 차량을 설계했을 때의 앞뒤축 중량배분이 유지된다. 거기에 약간이라도 가속·감속이 발생하면 앞뒤축의 중량배분이 바뀐다. 가속을 하면 자동차에는 관성의 법칙이 작용한다. 더구나 일정한 길이를 가진 물체이기 때문에, 가속으로 인해 뒤쪽으로 쏠린 무게가 뒤축에 실리면서 뒤축의 서스펜션은 내려가고 앞축은 올라간다. 이때 앞뒤축의 구동력 배분에 있어서 뒤축 쏠림 현상이 가속하기에는 적합하다.

반대로 스로틀(액셀러레이터 페달)을 느슨하게 하거나 브레이크를 밟거나 하면 이번에는 관성의 법칙으로 인해 앞으로 나아가려는

중량이 앞축에 실리고 그만큼의 하중이 뒤축에서는 빠진다. 노즈 다이브(nose dive) 상태가 되는 것이다. 이때 앞뒤축의 구동력 배분은 뒤축으로 쏠리는 것이 감속에 적합하다.

반면에 완만한 가속이나 아주 약간만 구동력을 늦추는 감속, 브레이크를 밟는 동작 전의 공주(coasting)에서는 차량자세가 과도하게 바뀌는 것은 바람직하지 않다. 가속·감속 같이 전후방향의 운동이 초래하는 피칭 거동은 되도록 작은 편이 좋다. 이 부분은 서스펜션 설계에서 다루는 부분이다.

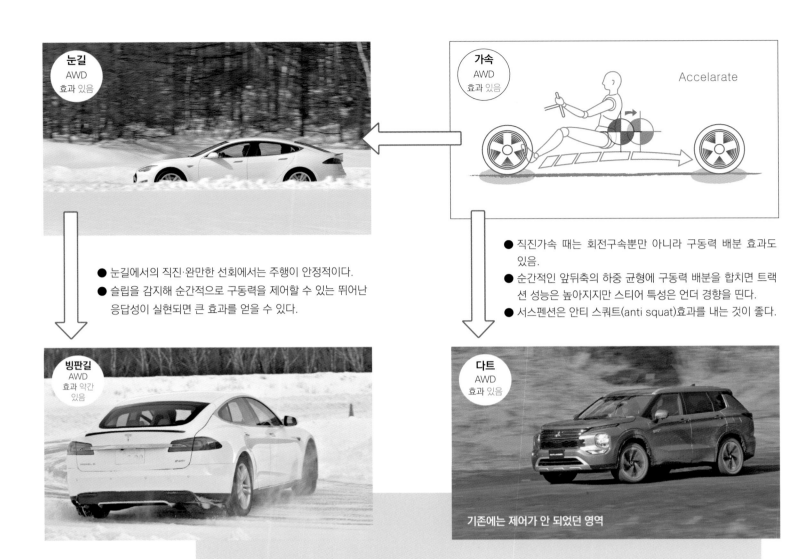

**눈길**
AWD
효과 있음

**가속**
AWD
효과 있음

Accelarate

● 눈길에서의 직진·완만한 선회에서는 주행이 안정적이다.
● 슬립을 감지해 순간적으로 구동력을 제어할 수 있는 뛰어난 응답성이 실현되면 큰 효과를 얻을 수 있다.

● 직진가속 때는 회전구속분만 아니라 구동력 배분 효과도 있음.
● 순간적인 앞뒤축의 하중 균형에 구동력 배분을 합치면 트랙션 성능은 높아지지만 스티어 특성은 언더 경향을 띤다.
● 서스펜션은 안티 스쿼트(anti squat)효과를 내는 것이 좋다.

**빙판길**
AWD
효과 약간 있음

**다트**
AWD
효과 있음

기존에는 제어가 안 되었던 영역

### 눈길 $\mu$=0.4, 자갈길 $\mu$=0.6

● $\mu$(마찰계수)가 낮은 도로에서는 차량의 횡G 발생량이 작은데, 작은 횡G를 전륜구동력 배분에 사용할 수 있다.
● 얼음 위 같은 $\mu$=0.1 이하인 경우도 AWD 효과가 있다.
● 수동선택 방식의 직결 AWD는 직진 때 흙길이나 자갈길 등과 같은 비포장도로 주행에서는 AWD효과가 크지만, 선회할 때는 도는 것이 쉽지 않다.
● 하지만 이런 상황에서도 요 레이트나 바퀴속도를 감시하면서 피드포워드(feedforward)를 제어하는 수단이 후륜독립 모터방식에서는 가능해졌다.
● 예를 들면 좌우바퀴가 각각 접지한 노면 $\mu$가 크게 다를 때라도, 앞으로는 전기모터의 높은 응답속도를 사용해 슬립이나 차선이탈 방지도 가능해질 것이다.

또 커브를 돌거나 직진할 때 약간의 스티어링(핸들) 조작으로 진로를 바꾸거나 하면 횡방향의 힘이 발생해 좌우바퀴의 중량배분이 달라진다. 커브를 돌 때 자동차는 선회하는 바깥쪽으로, 즉 커브와는 반대쪽으로 기운다. 자동차를 선회하는 바깥쪽으로 쏠리게 하는 원심력과 달리, 타이어와 지면 사이에 작용하는 마찰력은 원심력에 대응한다. 선회하는 바깥쪽(선회중심에서 먼 쪽)의 타이어 하중이 증가하고 안쪽 타이어 하중은 감소한다. 어느 정도로 하중이 이동하는지는 지면에서의 차량중심 높이나 서스펜션 특성 등에 따

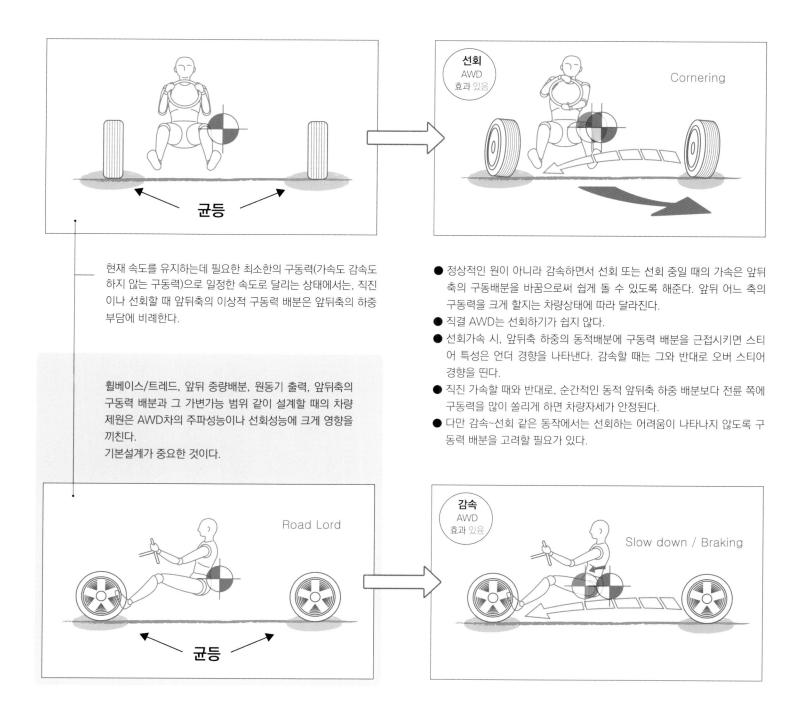

현재 속도를 유지하는데 필요한 최소한의 구동력(가속도 감속도 하지 않는 구동력)으로 일정한 속도로 달리는 상태에서는, 직진이나 선회할 때 앞뒤축의 이상적 구동력 배분은 앞뒤축의 하중 부담에 비례한다.

휠베이스/트레드, 앞뒤 중량배분, 원동기 출력, 앞뒤축의 구동력 배분과 그 가변가능 범위 같이 설계할 때의 차량제원은 AWD차의 주파성능이나 선회성능에 크게 영향을 끼친다.
기본설계가 중요한 것이다.

● 정상적인 원이 아니라 감속하면서 선회 또는 선회 중일 때의 가속은 앞뒤축의 구동배분을 바꿈으로써 쉽게 돌 수 있도록 해준다. 앞뒤 어느 축의 구동력을 크게 할지는 차량상태에 따라 달라진다.
● 직결 AWD는 선회하기가 쉽지 않다.
● 선회가속 시, 앞뒤축 하중의 동적배분에 구동력 배분을 근접시키면 스티어 특성은 언더 경향을 나타낸다. 감속할 때는 그와 반대로 오버 스티어 경향을 띤다.
● 직진 가속할 때와 반대로, 순간적인 동적 앞뒤축 하중 배분보다 전륜 쪽에 구동력을 많이 쏠리게 하면 차량자세가 안정된다.
● 다만 감속~선회 같은 동작에서는 선회하는 어려움이 나타나지 않도록 구동력 배분을 고려할 필요가 있다.

라 다르지만, 좌우바퀴가 받는 하중은 횡방향으로 발생하는 힘에 의해 확실히 바뀐다. 이것이 자동차의 롤 방향 자세변화, 즉 롤링(rolling)이다.

보통의 일반도로를 자동차가 달리면 4개 타이어가 부담하는 하중은 전후좌우로 시시각각 달라진다. 따라서 그 자동차에 있어서 이상적 구동력의 앞뒤축 배분비율도 시시각각 변화한다. 바꿔 말하면 차량자세를 「이렇게 하고 싶다」고 의도했을 때는 구동력 배분 비율을 바꾸는 식으로 하면 된다는 것이다. 최대한 4륜 각각을 이상적으로 배분하면 좋다. 차세대 AWD는 아마도 그런 방향이 될 것이다.

## 기계적 연결에서 전기적 연결로 변화

# 앞뒤축을 잇는 방법의 변천

비포장도로를 달릴 때 AWD는 지금도 없어서는 안 될 존재이다.
그런 한편으로 코너링 성능이나 차량자세 안정화라는 목적의 AWD가 존재한다.
이 양쪽이 추구하는 바는 과연 같을까 아니면 다른 영역일까.

본문 : 마키노 시게오  Acknowledgement : Experts and Doctors we trust.

사진 : 아우디 / 지프 / 마쯔다 / 미쓰비시 / 르노 / 구마가이 도시나오

**비포장도로에서 포장도로로**

오프로드=비포장도로와 대비되는 온로드=포장도로. 온로드에서는 AWD가 필요 없다는 주장이 계속 있어 왔다. 구동축을 추가하는 비용과 무게를 시장에서 받아들이겠느냐는 의문도 있었다. 잘 알려진 지프 타입 말고 일본에서의 원조인 스바루 「레오네」도 상업적으로는 성공하지 못했다. 위 우측 사진은 미씨비시 자동차에서 1984년에 풀타임 AWD를 테스트하는 모습. 베이스 차량은 「스타리온」.

AWD=All Wheel Drive를 시스템 시점에서 분류하면 운전자가 수동으로 2WD와 직결 AWD로 전환하는 셀렉티브(선택) 방식과 앞뒤축의 회전차이를 기계적으로 허용해 상시 AWD로 사용하는 센터 디퍼렌셜 방식, 클러치의 압착력을 전기적으로 제어하는 커플링 방식, 앞뒤축이 기계적 연결 없이 각각 독립적인 구동시스템으로 움직이는 e-AWD 4가지이다. 다음 페이지의 그림은 이 분류를 나타낸 것이다.

예전에 AWD는 비포장도로가 전문이었

다. 제2차 세계대전 때 군용차량으로 활약했던 미국 윌리스 오버랜드 자동차의 지프가 대표적이다. 엔진·변속기에서 나오는 출력을 앞뒤축으로 배분하는 트랜스퍼는 앞뒤축의 작동을 제한하는 LSD(Limited Slip Differential) 같은 작용을 해, 왼쪽 사진처럼 대각선상으로만 접지하는 경우에도 접지하는 바퀴를 회전시킬 수 있었다. 이 사진은 그런 지프의 피를 잇는 후계자 지프 랭글러이다.

이런 흐름과는 정반대인, 온로드를 안정적으로 빨리 달리기 위한 AWD가 1980년

대에 FF 베이스로 등장했다. 아우디 콰트로이다. 항상 앞뒤축을 구동하는 상시(full time) AWD였다. 필자가 전에 토르센 디퍼렌셜 시절에 타봤던 콰트로는 흙길이나 눈길, 포장도로든 상관없이 액셀러레이터 페달을 밟기만 하면 앞으로 나가던 자동차였다. 수동방식 디퍼렌셜 록의 사용법을 기억했더니 더 재미있었다. 다만 당연한 말이지만 브레이킹은 보통의 2WD와 똑같다.

이 고속 AWD를 한 때 일본의 OME들이 다 같이 적용했다. 위 사진은 미쓰비시 자동

베벨기어를 사용해 앞뒤축의 회전차이를 허용하는 기구. 원조 센터 디퍼렌셜로서, 전후배분은 50 : 50. 오프로드 AWD용으로 회전하기 어려운 상태(타이트한 코너 브레이킹 현상)를 해소할 목적으로 먼저 실용화되었다.

유성기어(플래니터리기어)방식 센터 디퍼렌셜은 출력기어의 맞물리는 반경차이를 설정할 수 있기 때문에 앞뒤가 다른 토크배분이 가능하다. 우선은 랠리경기용이 실용화되었다. 이것을 닮은 기구로 토르센 디퍼렌셜이 있다.

## 기계적 연결과 전기적 연결

현재의 주류는 메인 구동축이 아닌 쪽으로 토크전달을 단속·가변적으로 제어할 수 있는 커플링(클러치) 방식이다. 토크배분은 클러치의 압착력으로 결정되기 때문에 미끄러지는 상태에서 앞뒤축으로의 배분이 가능. 완전히 체결되면 직결AWD.

앞뒤축의 독립구동이 아니라 바퀴별 독립구동도 이미 실용화되고 있다. 사진은 미국 REE오토모티브의 시작품. 좌우바퀴 사이에서 디퍼렌셜 기어라고 하는 기계적 연결이 없어지면 제어가 바로 어려워진다고 한다.

## 기계적 연결과 전기적 연결

**감속기구가 내장된 전기모터**

배터리

**감속기구가 내장된 전기모터**

앞뒤축에 독립된 전기모터가 있지만, 앞뒤축 사이에는 기계적 연결이 아무 것도 없는 방식. 앞축만 엔진+모터로 구동시키는 eAWD도 뒤축 모터는 독립되어 있다. 앞으로는 이 방식이 주류 가운데 하나가 될 가능성이 높다.

## 구동력을 자세제어에 사용

마쯔다의 GVC는 코너로 진입하는 턴 인할 때는, 속도나 스티어링(핸들) 조향각에 맞춰서 최대 0.05G가 감속되도록 원동기 토크를 자동으로 낮춘다. 이로써 운전자의 조작보다 차량자세가 약간 앞바퀴로 쏠리면서 핸들 효과도 도움을 받는다. 코너에서 탈출하는 턴 아웃할 때는, 선회하는 전방 바깥쪽 바퀴에 약간의 브레이크를 걸어줌으로써 자동차 방향이 코너 바깥쪽으로 향하도록 돕는다.

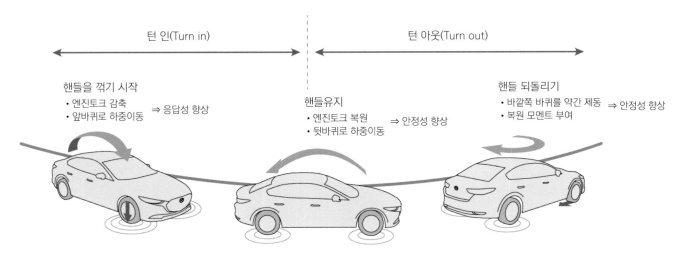

차의 실험 모습으로, 1984년 모델인 스타리온을 개조해 풀타임 AWD로 개발하던 시대이다. 결국 WRC 챔피언으로 올라선 랜서 에볼루션의 역사는 여기서부터 시작된다. FF 베이스의 AWD에, 뒤축은 좌우 사이에 토크 이동(벡터링)을 하는 미쓰비시풍 AWD 스타일을 풀타임 AWD 본가인 아우디도 따라왔다.

한편 어떤 방식의 AWD를 선택하느냐는 OEM마다 각각의 방침이 있고 또 설계자의 기호도 있다. 수많은 자동차 기술이 그렇듯이 이상적 기술은 한 가지가 아니고, 이상으로 가는 길도 하나는 아니다. 그래서 자동차는 우리 미디어 같은 관찰자한테도 재미있다.

그렇다면 차량자세 제어라는 시점에서 AWD를 봤을 때, 현시점에서는 어떤 모습일까.

주행 중인 자동차 4바퀴 각각의 하중분담 =접지하중은 시시각각 변한다. 접지하중인 만큼 서스펜션의 스트로크와 서스펜션을 구성하는 링크종류의 매 순간 위치관계(동적

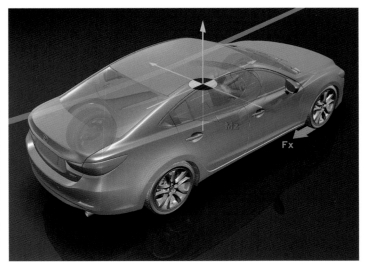

턴 아웃할 때의 앞바퀴 바깥쪽 브레이크 제어는 GVC의 제2세대인 GVC 플러스에서 추가되었다. GVC는 원동기 토크를 약간 낮춰서 앞바퀴를 가라앉게 하지만, 턴 아웃에서의 브레이크 제어를 추가해 구동과 제동 양쪽을 사용하는 자세제어 시스템으로 진화시켰다.

지오메트리)가 깊이 관계한다.

시트 위 탑승객의 느낌은 전후좌우상하로 걸리는 연속적인 G의 흔들림으로, 이 흔들림은 허용범위 안에 있는 것이 좋다. 서스펜션 공진 같은 횡 흔들림(rolling), 머리를 좌우로 흔드는 불쾌한 앞뒤 흔들림(pitching), 떠오른 몸이 순간적으로 떨어지는 것 같은 세로 흔들림(shaking)은 모두 다 반갑지 않은 현상이다. 운전경험이 적은 사람한테는 예기치 않은 흔들림이 공포가 되기도 한다.

그래서 자동차 설계는 쾌적한 승차감(flat ride)을 지향해 왔다. 노면의 요철이나 울퉁불퉁함으로 인해 차체가 흔들리는 것이 아니라 지면과 머리의 상대거리가 어느 일정한 수치 이내에, 동시에 흔들림의 주파수도 일정한 이내에 있는 것이 좋다. 시간적으로 여운이 오래 남는 흔들림은 좋지 않다. 그리고 흔들림이 증폭되는 공진은 금지이다.

개인적 경험상으로는 곧장 직진해 스티어링 수정이 거의 필요 없는 상태는 리지드 서

**튜닝하기 쉬운 섀시**

마쯔다의 가장 새로운 AWD섀시는 리어 서스펜션에 TBA를 사용한다. 이른바 리지드 서스펜션으로, 멀티링크나 더블 위시본 방식보다 뒤처진다는 의견도 있다. 하지만 완전한 오해에 불과하고 오히려 뛰어난 부분도 있다. 마쯔다가 AWD에도 TBA를 선택한 이유는 제어가 쉽다는 점 때문이었다.

스펜션의 후륜구동 자동차와 기계식 직결 AWD에서 받았던 느낌이다. 약간 긴 트레일링 암을 가진 리지드 서스펜션은 타이어 위치 결정이 확실하다. 앞뒤 모두 리지드인 AWD는 더욱 안정적이다. 양쪽 축 사이의 회전구속이 불러오는 요 댐핑(yaw damping) 효과때문일지도 모르겠다.

「우리도 그렇게 생각했죠. 하지만 여러 대의 자동차로 계측해 봐도 롤링 진동이나 요잉 등이 데이터로 안 나오는 겁니다. 발상을 바꿔서 인간을 포함한 맨·머신 계통으로 바라보고, 인간이라는 요소까지 추가해서 계측했더니 한 가지 답이 나온 겁니다. 운전자가 스티어링에 손을 대고, 노면의 진동까지 포함한 다양한 입력과 관련해 피드백 요소가 들어간 결과로서 수정타가 작아지는 것이죠. 그 효과를 AWD가 불러온다는 것을 알게 된 겁니다」

이것의 최신 연구이다. 사실 필자도 전후 독립모터로 구동하는 시작차를 타봤을 때, 제어를 바꾸면 직결 AWD 같은 안정감이 드는 것을 느껴본 적이 있다. 프로펠러 샤프

트로 앞뒤축이 연결되지 않아도 회전구속과 비슷한 효과를 느꼈던 것이다. 기분 탓이 아니라 그 연구팀도 같은 걸 말했다.

그리고 바로 얼마 전 미쓰비시 자동차의 새로운 「아웃랜더 PHEV」에서 똑같은 경험을 했다. 진창 부분도 있는 흙길을 달렸을 때 실감한, 스티어링을 돌린 방향으로 자동차 방향이 바뀌는 거동은 그야말로 직결 AWD 성능을 유감없이 발휘했다. 아무것도 모르고 운전했으면 「역시나 직결 쇽업소버는 좋구만」하고 감탄했을 것이다. 하지만 앞뒤축에는 아무런 관련도 없다.

「앞뒤축의 구동력·제동력 배분까지 포함한 앞뒤 힘의 전후바퀴 사이 배분이나 앞바퀴와 뒷바퀴 각각의 횡력 발생에 미치는 영향이 전에는 직진안정성이라고 느꼈던 감각에 기여한다, 이렇게 설명하는 것이 맞지 않을까 합니다」

이것이 미쓰비시 자동차의 대답이었다. 그렇다는 얘기는 구동력 제어를 추구하는 과정에서 자세제어라는 과제에 관해서도 어떤 답이 나온다는 뜻이 아닐까.

그 부분에서도 필자한테는 경험이 있다. 마쯔다가 GVC(G벡터링)를 개발했을 때, 이 제어를 온·오프할 수 있는 시작차를 타보았다. 불과 0.05G밖에 안 되는 미세한 G로 인해 선회하는 자세가 안정되는 것이다. 키거나 껐을 때 전면유리 너머로 보이는 경치의 수평도 다르다. 인간의 액셀러레이터 작업으로는 도저히 불가능한 아주 미묘한 「발 기술」을 전자제어가 대신해 줌으로써, 감속해서 코너로 진입했을 때 롤링이 발생하느냐 아니냐에 따라 조향감이 바뀐다.

그리고 이 제어를 BEV(Battery Electric Vehicle) 사양의 MX-30에 적용했더니 전기모터의 반응 속도가 더 자세제어를 확실하게 해준다. 그 다음에는 뭔가 재미있는 BEV 세계가 기다리고 있을 것 같은 기대감이 솟아났다.

GVC의 특징은 엔진 구동력을 아주 약간만 사용해 피칭/롤링 자세를 미세하게 제어함으로써 한계영역이 아니라 일상영역에서도 안심감을 준다는 점이다. 반응이 좋은 엔진과 잠금 상태의 AT에 약간의 일을 시킴으

## 전타축(轉舵軸)은 문제가 되지 않을까

스티어링 랙에서 뻗은 타이로드도 서스펜션 암으로, 앞축이 조향축과 구동축을 겸하는 경우는 배치와 전타축을 설정할 때 중요한 요소이다. 아래의 르노 사례는 우측의 아우디와 마찬가지로 스트럿 바로 밑으로 드라이브 샤프트가 지나가기 때문에 댐퍼 하부를 2갈래로 나눔으로써 타이어 접지중심 근방에 수직에 가까운 상태의 전타축을 두고 있다. 이른바 「실존 전타축」으로, 허브의 움직임을 다른 요소가 방해하지 않도록 한 구성이다.

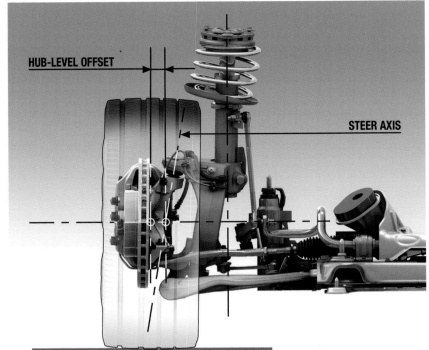

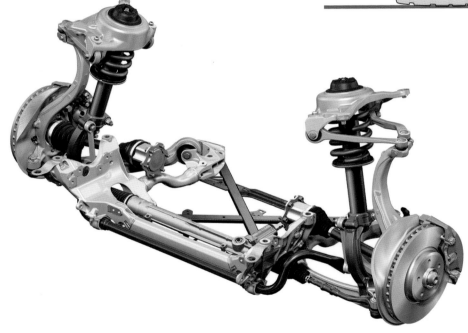

## 더블 위시본인 이유

← 그림은 아우디 Q5의 프런트 서스펜션. 튼튼한 서브 프레임과 상하 2개씩 연결된 링크, 허브에서 어퍼 암으로 뻗은 구부러진 암, 드라이브샤프트를 피하기 위해 허브 쪽을 2갈래로 나눈 댐퍼 마운트 등을 확인할 수 있다. 안티 다이브·안티 스쿼티의 특성을 노리는 경우, 스트럿에서는 약간 역부족이라는 견해도 있다. 아우디는 엔진 세로배치 직렬AWD의 전방에 더블 위시본을 사용한다.

---

로써 추가 기계적 장치 없이 자세를 제어한다. 달리 말하면 앞뒤 구동력 배분이나 좌우 구동력 차이를 줘서 롤링과 피칭을 제어하는 효과를 노릴 수 있다.

마쯔다는 이 GVC에 선회 중에 뒤축 토크를 늘리도록 제어하는 i액티브 AWD까지 적용했다. 게다가 TBA(Torsion Beam Axle) 방식의 리어 서스펜션이다.

「AWD의 구동력 제어를 감안하면 TBA를 사용하는 편이 장점이 있습니다. 토 변화가 적을 뿐만 아니라 뒤쪽이 내려가지 않는 안티 스쿼트 효과도 명확해서, 선회 가속할 때 뒤축 토크를 약간 많이 걸어도 리어 서스펜션이 가라앉는 것을 안정적으로 억제할 수 있습니다. 선회자세를 수평으로 유지하기가 쉬웠죠」

마쯔다는 이렇게 말했다. 예전 인상으로는 후방의 안티 스쿼트 효과가 오프로드 AWD의 3링크 리지드 방식이나 더블 위시본 방식에서 좋았던 것 같다. 뒤축으로의 구동력 배분과 「가져가고 싶은 자세」를 감안하면 서스펜션의 파라미터는 너무 많지 않은 것이 좋다. 동시에 타이어 위치결정을 확실하게 해서 외부입력에 강해야 한다. 마쯔다가 TBA를 선택한 이유가 여기에 있다고 생각한다.

전문가들에 따르면 서스펜션의 기본은 타

이어의 마찰원을 제대로 사용하는 것이라고 한다. 노련한 테스트 드라이버들은 접지면 내에서의 하중변동이 최대한 억제되었으면 좋겠다고 말한다. AWD도 서스펜션을 생각하지 않으면 안 된다. GVC가 가져다주는 「일상영역에서의 안심」, 「초보자도 무섭지 않은 코너링」은 구동력을 사용한 피칭자세·롤링자세를 약간만 변화시키는데 따른 결과이다.

그렇다면 가령 AWD에 안티 다이브·안티 스쿼티의 지오메트리를 확실하게 적용한 하체를 만든다면 안심감이 늘어날까.

「앞쪽에 스트럿 방식을 사용하는 이상 AWD로서의 쾌적한 승차감을 추구하면 아무래도 사리에 맞지 않는 부분이 있죠. 타이어 접지성을 중시하면 안티 다이브·안티 스쿼티의 지오메트리를 확보할 여지가 별로 없습니다. 그렇다고 피칭 컨트롤 때문에 감속·제동 때 후방 배분을 강화하면 직진에서의 응답성에 악영향을 줍니다. 이것은 한계영역에서만 그런 것이 아니라 일상영역에서도 악영향을 줍니다」

실제로 차량 세팅을 담당하는 쪽의 말이다. 또 이런 목소리도 있었다.

「전자제어 커플링으로 적정 배분을 감안했을 때, 테스트 코스 같이 건조하고 균일한 포장도로에서는 엔진 토크부터 차축토크까지의 계산을 바탕으로 전후를 배분하면 분명 납득이 가능하지만, 전후 배분할 수 있다는 것은 커플링이 미끄러진다는 상태이므로 그때 타이어가 조금이라도 미끄러지면 커플링의 슬립속도가 바뀌면서 구동력 배분이 단지 성립하는 수준에 그친다. 하지만 전자제어 커플링 자체도 발전하고 있어서 부정적 측면이 많이 해소되었다. 오히려 할덱스사의 커플링 같은 유압기구보다 사용편리성은 좋아졌다」

예를 들면 제이텍트(JTEKT)의 ITCC 같은 전자제어 커플링과 관련해서 설계를 제안하는 기술 컨설팅회사는 다음처럼 말하기도 했다.

「피스톤이 하우징에 붙어 있는 할덱스 방식은 볼 베어링을 매개로 클러치를 밀어붙이고 반력(反力)도 볼 베어링에서 받습니다. 밀어붙이면 회전저항이 증가하기 때문에 풀타임 AWD용으로 사용하기에는 저항이 너무 크죠. 그래서 유럽 메이커에서는 필요에 맞춰서(on demand) 사용합니다. 한편으로 ITCC나 EMCD는 반력이 안에서 끝나버립니다. 전자석을 매개로 밀어붙이는 힘을 만들기 때문에 힘을 세게 해도 회전저항이 커지지 않아서 풀타임 AWD를 만드는데 적합하죠. 어느 쪽을 사용할지는 설계자가 어느 쪽을 선호하느냐에 달렸습니다」

그렇다. 설계자의 기호이고 OEM의 노하우이기도 하다. 정답은 하나가 아니다. 정답을 그냥 하나로 결정하려는 것은 어리석은 짓이다. 그래서 생각해낸 것이 다임러의 MBC(Magic Body Control)이다. ADAS용 센서로 노면을 파악해 서스펜션의 감쇠력을 순간적으로 바꿈으로써 자세를 바로잡는 시스템이다. 이 방법도 정답 가운데 하나

일 것이다. 탑재차량인 S65 AMG는 보디와 섀시의 완성도도 좋지만, 운전석에서 느끼는 쾌적한 승차감은 체험하지 못했던 느낌이었다. 모터팬의 기술 고문인 오리지널 박스 대표 구니마사 히사아키라씨도 칭찬해 마지않았다.

ADAS를 위한 「눈(目)」은 사용할 수 있을 것이다. 또 조금 S/N비율은 나빠도, 지면의 반사율이나 색조(카메라 노출을 정할 때의 뉴트럴 그레이 같이)를 보고 0.2~0.3초 다음의 노면 뮤($\mu$)를 추정함으로써 구동력 배분을 바꿔 자세를 잡는 피드포워드 제어는 가능하다. 예측한 노면에 타이어가 올라타면 피드백을 건다. 앞뒤축이 전동이라면 드라이브샤프트의 비틀림 공진주파수는 역위상 파를 씀으로써 없어지는 것은 아닐까. 「6Hz라 치고 그 4배인 24Hz로 제어하면 된다」는 것이 개발자의 답변이다.

이상, 풍부한 노하우를 가진 연구자와 기술자들한테서 들은 이야기를 정리해 봤다. 「AWD가 그렇게 필요한 것일까」라는 의견도 있지만 「유럽이나 미국 쪽은 BEV투자에 몰두하고 있기 때문에 일본에게는 기회」라는 목소리도 있다. 필자 자신은 어떤 식으로든 BEV에는 상당한 가격경쟁이 닥치리라 생각한다. 상품력은 필요하다. 동시에 전후 독립구동인 BEV로 흙길과 싸우는 오프로드 AWD도 만나보고 싶다.

[수동적 풀타임 AWD] ➔ 거의 모든 회사·주로 소형차

GKN

경자동차 등에 많이 적용. 상류와 하류(일러스트에서는 좌우방향)에 현저한 회전차이가 생기면 안에 밀봉된 오일온도가 상승해 팽창한다. 그러면서 다판을 체결해 직결에 가깝게 되는 구조. 단독으로 차동제한 장치로 사용할 수 있어서 간소한 시스템이라는 것이 장점. 한편으로 「미끄러지고 나서 이어지기 시작하는 구조」이기 때문에 타이밍 측면에서는 불리.

[능동적 풀타임 AWD] ➔ 거의 모든 회사·폭넓게 채택

MAZDA

온 디맨드 방식. 상류와 하류의 체결에 다판 클러치를 이용하는 구조. 체결 정도를 전자제어할 수 있다는 것이 장점으로, 시스템 대기상태에서 어느 정도의 체결상태(=반클러치)로 해 두느냐도 설정가능. 근래에는 응답성 측면에서 완전히 단절하지 않고 아주 약간이라도 하류로 흘려둔다는 점이 포인트. 제이텍트 ITCC나 할덱스컵 등이 주요 제품들이다.

Illustration Feature : **AWD** PARADIGM SHIFT | **CHAPTER 1**

# 「현재의 사륜구동」 시스템 정리

다양한 종류의 사륜구동 메커니즘, 왜 이렇게 많아지게 되었을까.
저마다의 특징이 있고 또 장점과 단점도 있다.
그것을 취사선택해 차량 특성에 맞게 적용해온 다양한 사륜구동 기술을 살펴보겠다.

본문 : MFi

「이렇게나 많았나」. 일본차의 AWD 시스템을 정리해본 감상이다. 경자동차부터 리무진, SUV까지 폭넓은 차종과 크기에 대응하는 AWD를 생산하고 있는 것이다. 나아가 「동등하게 AWD를」이라는 방향성은 본 특집의 모두에서 마키노 시게오씨도 언급했듯이, 정부에 의한 유도가 뒷받침되면서 사륜구동 사양은 평등화를 거치며 현재에 이르게 되었다. 사계절의 온도차이가 크고, 겨울철에는 빙판길을 달려야만 하는 지역의 사람들에게 AWD는 필수이다. 하지만 여름철을 비롯해 일반도로를 달릴 때는 연비가 나빠지지 않아야 한다. 이런 상반되는 조건을 충족시키기 위해서 각 메이커들은 지혜를 짜낸 끝에, 여기서 언급하는 기구를 포함 다양한 시스템을 개발해 왔다.

출발할 때는 확실히 지면을 밟아줄 것. 집 주차장에서 출발할 때 보도에 얼은 빙판 위를 빠져나갈 것. 「생활 사륜」등으로 이야기되는 AWD는 이런 필요성을 충족시키는 자동차로, 만약의 경우를 위한 사륜구동이었다. 거기서 더 나아가 고성능을 내기 위해서 4개 타이어를 여지없이 사용하는 상시(풀타임) 사륜구동이 나타난다. 센터 디퍼렌셜부터 토르센 각

종 장치 등, 시시각각 움직이는 전후하중으로 인해 그때마다 변하는 앞뒤축 배분을 제대로 수행하기 위해서 달리고 도는 각 상황의 위화감을 없애는 구조가 만들어졌다. 더불어 「생활 사륜구동」은 「온 디맨드 사륜구동」이라는 장르를 새롭게 개척해, 클러치 단속을 통해 능동적으로 제어하는 시스템을 갖추면서 이륜·사륜구동 전환을 더 자유롭게 하고 있다.

나아가 근래에는 고급 자동차나 고성능 자동차뿐만 아니라, 보통 자동차에서도 「상시 AWD」로 차량의 안정성을 높이려는 시도가 진행 중이다. 이를 뒷받침하는 것은 반응속도

가 뛰어난 전자구동 기술이다. 원할 때 순간적인 구동토크를 얻을 수 있는, 모터라서 가능한 「그 한 순간」의 자세제어를 실현했다. 이런 자동차들의 공통점은 거부감이 없는 승차감이다. 과도한 연출 등은 배제되었다. 하지만 FWD와 비교하면 확실히 좋은 승차감이라는 사실을 누구라도 알 수 있다. 일본 메이커들이 노하우가 많은 영역이라 앞으로도 기술적 우위성을 가질 수 있을 것 같다.

### [프로펠러샤프트의 회전을 중지] ➡ 토요타 RAV4

TOYOTA

「보통은 FWD, 앞바퀴가 슬립하면 순식간에 AWD」 이런 시스템에 있어서, FWD상태에서도 같이 도는 프로펠러샤프트 및 커플링 클러치가 끌리는 것을 막고 효율을 추구한 것이 이 기구이다. 변속기 안의 트랜스퍼(앞부분) 및 리어 디퍼렌셜(뒷부분) 2군데에, 위와 같은 래칫(ratchet)방식의 단속기구를 넣어 신축구조를 통해 완전히 회전을 중지시킨다.

### [기계적 토크배분 기구] ➡
토요타 렉서스의 세로배치 엔진 자동차, 스바루 WRX 등

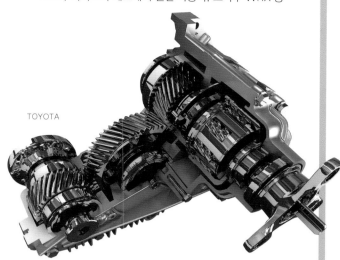

TOYOTA

기어를 사용한 분배기구로 풀타임 AWD를 실현. 변속기나 리어 디퍼렌셜에서 이용하는 디퍼렌셜 기어를 앞뒤축 사이에 배치. 이를 통해 선회할 때 앞뒤축 회전차이가 생기는 상황에서도 원활한 주행을 계속할 수 있다. 베벨기어는 등(等)배분, 플래니터리 기어는 부등배분을 실현할 수 있다. 현저한 회전차이기 생겼을 때의 대책으로 차동제한 장치를 구비.

HONDA

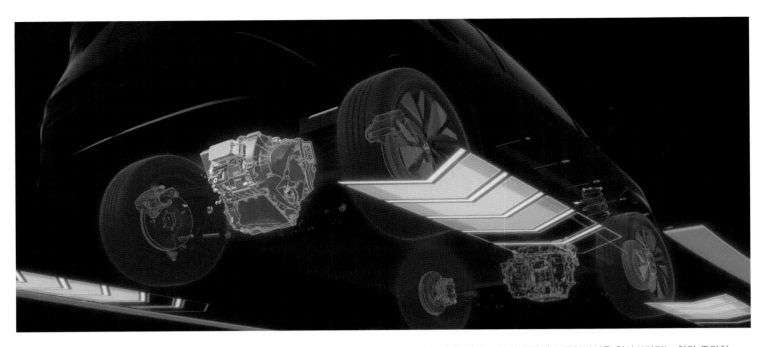

## 전후 독립모터

**[자유롭고 순간적으로 전후토크의 배분을 제어]**
➡ 닛산 e포스(e-4ORCE), 미쓰비시 자동차 PHEV 등

이번 특집에서도 여러 번 언급했듯이, 앞뒤축을 상시 구동해 차량의 조종안정성을 향상시키려는 차가 증가하고 있다. 원리 자체는 예전부터 인정받은 기술이었으나 기술이 쫓아가지 못하는 상황이 계속되다가, 근래의 전동구동화로 앞뒤축의 구동력 배분을 포함한 순간적 제어가 가능해졌다. 더불어서 사륜 각각의 제동제어를 포함하는 경우가 많다.

## 3모터 하이브리드 자동차

**[전후독립구동+토크 벡터링]** ➡ 혼다 스포츠 하이브리드 SH-AWD

엔진 자동차에 의한 AWD시스템이면서 프로펠러샤프트를 이용하지 않는 제품. 아래 사진의 FF부속장치와 다른 점은 앞바퀴(위 사진에서 왼쪽) e액슬이 좌우 2개의 모터로 성립된다는 점이다. 앞뒤 구동력 배분 외에 좌우바퀴 배분까지 실현해 선회성능을 크게 향상시킬 수 있다. 앞뒤를 반대로 한 FWD 베이스 사양도 존재한다.

## 선택식 AWD

**[가장 원시적인 사륜구동]** ➡ 스즈키 짐니, 토요타 랜드크루저 등

이 글에서는 가장 원시적인 시스템. 트랜스퍼의 수동선택을 통해 RWD, AWD고속, AWD저속을 전환하는 방식이다. 기계적으로 기어를 물리게 해야 하므로 전환은 정차한 상태에서 해야 한다. 매우 간소한 구조인 만큼 견고하고 확실해서, 이른바 크로스컨트리 자동차에서는 지금도 필수 메커니즘으로 채택되고 있다.

## FF부속장치용 e액슬

**[소형·소구경의 일체형이 트렌드]** ➡ 토요타 E-Four 등

그냥 끌려다니기만 할 뿐인 FWD차의 리어 액슬에 독립된 전동장치를 장착하면 AWD로 바뀐다는 것이 이 기구이다. 다만 공간제약이 심한 바닥아래 레이아웃을 개량해 전원을 확보하는 등, 보통 방법으로는 장착하기 힘들다. 사진은 프리우스용 유도전동기. 이 보다 출력이 높은 기구와 새롭게 개발된 동기전동기 방식이 있다.

## 일본시장에서 판매되는 AWD차와 시스템

일본차의 AWD방식은 다양해서 각 자동차마다 고유의 특징을 추구한다. AWD의 맹주인 아우디는 센터 디퍼렌셜 방식을 AT에 적용하는 정도에 그치고 있다. 그 밖의 수입차는 대개가 커플링 방식을 채택한다. 아주 소량인 수입차 중에서도 주로 독일 자동차 정도가 경쟁상대이다.

| 차량명 | 변속기 | 시스템명 |
|---|---|---|
| **[토요타]** | | |
| 아쿠아 | THS-II | E-Four |
| 카롤라 | CVT | 액티브 토크컨트롤 AWD |
| GR야리스 | MT | 액티브 토크스플릿 AWD |
| 야리스 | THS-II | E-Four |
| 야리스 | CVT | 액티브 토크컨트롤 AWD |
| 알파드 | THS | E-Four |
| 알파드 | AT | 액티브 토크컨트롤 AWD |
| 알파드 | CVT | 액티브 토크컨트롤 AWD |
| 복시 | THS-II | E-Four |
| 복시 | CVT | 다이내믹 토크컨트롤 AWD |
| 시엔타 | CVT | 4WD |
| 하이에이스 왜건 | AT | 풀타임 AWD(센터 디퍼렌셜+비스커스) |
| 캠리 | THS-II | E-Four |
| 카롤라악시오 | CVT | 4WD |
| 크라운 | THS-II | 하이브리드 풀타임 AWD(센터 디퍼렌셜+토르센) |
| 프리우스 | THS-II | E-Four |
| 카롤라크로스 | THS-II | E-Four |
| C-HR | CVT | 다이내믹 토크컨트롤 4WD |
| 하이럭스 | AT | 파트타임 AWD 시스템 |
| 해리어 | THS-II | E-Four |
| 해리어 | CVT | 다이내믹 토크컨트롤 4WD |
| 야리스크로스 | THS-II | E-Four |
| 야리스크로스 | CVT | 다이내믹 토크컨트롤 4WD |
| RAV4 | THS-II | E-Four |
| RAV4 | CVT | 다이내믹 토크컨트롤 AWD |
| RAV4 | CVT | 다이내믹 토크컨트롤 4WD |
| 랜드크루저 | AT | 풀타임 4WD(센터 디퍼렌셜+토르센) |
| 랜드크루저 프라도 | AT | 풀타임 4WD(센터 디퍼렌셜+토르센) |
| **[렉서스]** | | |
| LS | THS-II | 하이브리드 풀타임4WD(센터 디퍼렌셜+토르센) |
| LS | AT | 풀타임 4WD(센터 디퍼렌셜+토르센) |
| IS | THS-II | 하이브리드 풀타임4WD(센터 디퍼렌셜+토르센) |
| UX | THS-II | E-Four |
| LX | AT | 풀타임 4WD(센터 디퍼렌셜+토르센) |
| RX | THS-II | E-Four |
| RX | AT | 다이내믹 토크컨트롤 4WD |
| NX | THS-II | E-Four |
| NX | AT | 다이내믹 토크컨트롤 4WD |

| 차량명 | 변속기 | 시스템명 |
|---|---|---|
| **[메르세데스 벤츠/AMG]** | | |
| A35 4MATIC DCT | DCT | 4MATIC |
| A35 S 4MATIC+ DCT | DCT | 4MATIC+ |
| C200 4MATIC AT | AT | 4MATIC |
| E200 4MATIC AT | AT | 4MATIC |
| E450 4MATIC AT | AT | 4MATIC |
| E53 4MATIC AT | AT | 4MATIC+ |
| S400d 4MATIC+ AT | AT | 4MATIC |
| S500 4MATIC AT | AT | 4MATIC |
| S580 4MATIC AT | AT | 4MATIC |
| S680 4MATIC AT | AT | 4MATIC |
| CLA250 4MATIC AT | AT | 4MATIC |
| CLA35 4MATIC | DCT | 4MATIC |
| CLA45 S 4MATIC+ | DCT | 4MATIC+ |
| EQC | 2 motor | – |
| GLA 200d 4MATIC DCT | DCT | 4MATIC |
| GLA 35 4MATIC DCT | DCT | 4MATIC |
| GLA 45 S 4MATIC+ DCT | DCT | 4MATIC+ |
| GLB 200d 4MATIC DCT | DCT | 4MATIC |
| GLB 35 4MATIC DCT | DCT | 4MATIC |
| GLC 220d 4MATIC | AT | 4MATIC |
| GLC 300 4MATIC | AT | 4MATIC |
| GLC 350e 4MATIC | AT | 4MATIC |
| GLC 43 4MATIC | AT | 4MATIC |
| GLE 300d 4MATIC | AT | 4MATIC |
| GLE 400d 4MATIC | AT | 4MATIC |
| GLE 450 4MATIC | AT | 4MATIC |
| GLE 53 4MATIC+ | AT | 4MATIC+ |
| GLS 400d 4MATIC | AT | 4MATIC |
| G350d | AT | 4MATIC |
| G400d | AT | 4MATIC |
| G550 | AT | 4MATIC |
| G63 | AT | 4MATIC |
| CLS450 4MATIC | AT | 4MATIC |
| CLS 53 4MATIC+ | AT | 4MATIC+ |
| GT 43 4MATIC+ | DCT | 4MATIC+ |
| GT 53 4MATIC+ | DCT | 4MATIC+ |

| 차량명 | 변속기 | 시스템명 |
|---|---|---|
| **[닛산]** | | |
| 아리아 | 2 motor | e-4ORCE |
| 노트 | 2 motor | e-POWER 4WD |
| 세레나 | CVT | 올 컨트롤 4WD 시스템 |
| 룩스 | CVT | 풀타임 4WD(비스커스) |
| 데이즈 | CVT | 풀타임 4WD(비스커스) |
| 엘그란드 | CVT | ALL MODE 4×4 |
| NV350 카라반 | AT | 파트타임 4WD |
| NV200 바네트 | AT | 4WD |
| 엑스트레일 | CVT-H | 인텔리전트 4×4 |
| GT-R | DCT | ATTESA E-TS |
| 후거 | AT | ATTESA E-TS |
| 스카이라인 | AT | ATTESA E-TS |
| **[혼다]** | | |
| 오디세이 | CVT | 리얼타임 AWD |
| CR-V | e:HEV | 리얼타임 AWD |
| CR-V | CVT | 리얼타임 AWD |
| 스텝 왜건 | CVT | 리얼타임 AWD |
| 베젤 | e:HEV | 리얼타임 AWD |
| 베젤 | CVT | 리얼타임 AWD |
| 베젤 | e:HEV | 리얼타임 AWD(비스커스) |
| 셔틀 | DCT | 4WD(비스커스) |
| 셔틀 | CVT | 4WD(비스커스) |
| 프리드 | DCT | 리얼타임 AWD |
| 프리드 | CVT | 리얼타임 AWD |
| NSX | DCT | SPORT HYBRID SH-AWD |
| N-ONE | CVT | 4WD(비스커스) |
| N-BOX | CVT | 4WD(비스커스) |
| N-WGN | CVT | 4WD(비스커스) |
| N-VAN | CVT | 4WD(비스커스) |
| **[마쯔다]** | | |
| MAZDA2 | AT | i-ACTIV AWD |
| MAZDA3 | AT | i-ACTIV AWD |
| MAZDA3 | MT | i-ACTIV AWD |
| MAZDA6 | AT | i-ACTIV AWD |
| MAZDA6 | MT | i-ACTIV AWD |
| CX-3 | AT | i-ACTIV AWD |
| CX-3 | MT | i-ACTIV AWD |
| CX-30 | AT | i-ACTIV AWD |
| CX-30 | MT | i-ACTIV AWD |
| CX-5 | AT | i-ACTIV AWD |
| CX-5 | MT | i-ACTIV AWD |
| CX-8 | AT | i-ACTIV AWD |
| MX-30 | AT | i-ACTIV AWD |

| 차량명 | 변속기 | 시스템명 |
|---|---|---|
| **[BMW]** | | |
| M135i xDrive | AT | xDrive |
| M240i xDrive Coupe | AT | xDrive |
| 218d xDrive Active Tourer | AT | xDrive |
| 218d xDrive Gran Tourer | AT | xDrive |
| 320d xDrive | AT | xDrive |
| M340i xDrive | AT | xDrive |
| M440i xDrive | AT | xDrive |
| 523d xDrive | AT | xDrive |
| M550i xDrive | AT | xDrive |
| M5 | AT | xDrive |
| 750i xDrive | AT | xDrive |
| 740d xDrive | AT | xDrive |
| M760i xDrive | AT | xDrive |
| 840d xDrive | AT | xDrive |
| M850i xDrive | AT | xDrive |
| X1 xDrive 18d | AT | xDrive |
| X2 xDrive 20d | AT | xDrive |
| X2 M35i | AT | xDrive |
| X3 xDrive 20i | AT | xDrive |
| X3 M40i | AT | xDrive |
| X3 xDrive 20d | AT | xDrive |
| X3 M40d | AT | xDrive |
| X3 xDrive 30e | AT | xDrive |
| X4 xDrive 30i | AT | xDrive |
| X4 M40i | AT | xDrive |
| X4 xDrive 20d | AT | xDrive |
| X5 M50i | AT | xDrive |
| X5 xDrive 45e | AT | xDrive |
| X5 xDrive 35d | AT | xDrive |
| X6 xDrive 35d | AT | xDrive |
| X6 M50i | AT | xDrive |
| X7 xDrive 40i | AT | xDrive |
| Z4 M40i | AT | xDrive |
| iX xDrive 40 | AT | xDrive |
| iX xDrive 50 | AT | xDrive |
| iX M60 | AT | xDrive |
| i4 M50 | AT | xDrive |

| 차량명 | 변속기 | 시스템명 |
|---|---|---|
| **[스바루]** | | |
| XV | CVT | 액티브 토크 스플릿 AWD |
| 임프레자 | CVT | 액티브 토크 스플릿 AWD |
| WRX S4 | CVT | VTD-AWD |
| 레보그 | CVT | 액티브 토크 스플릿 AWD |
| 레보그 | CVT | VTD-AWD |
| 아웃백 | CVT | 액티브 토크 스플릿 AWD |
| 포레스타 | CVT | 액티브 토크 스플릿 AWD |
| **[미쓰비시자동차]** | | |
| 아웃랜더 | 2 motor | S-AWC |
| 이클립스 크로스 | CVT | S-AWC |
| 이클립스 크로스 | 2 motor | S-AWC |
| RVR | CVT | 4WD |
| 델리카D:5 | AT | AWC |
| eK크로스 | CVT | 4WD(비스커스) |
| eK왜건 | CVT | 4WD(비스커스) |
| eK스페이스 | CVT | 4WD(비스커스) |
| **[스즈키]** | | |
| 알토 | CVT | 4WD |
| 에브리왜건 | AT | 4WD |
| 짐니 | AT | 파트타임 4WD |
| 짐니 | MT | 파트타임 4WD |
| 스페시아 | CVT | 4WD |
| 해슬러 | CVT | 4WD |
| 라팡 | CVT | 4WD |
| 왜건R | CVT | 4WD |
| 왜건R 스마일 | CVT | 4WD |
| 이그니스 | CVT | 4WD |
| 크로스비 | AT | 4WD |
| 짐니 시에라 | AT | 파트타임 4WD |
| 짐니 시에라 | MT | 파트타임 4WD |
| 스위프트 | CVT | 4WD |
| 솔리오 | CVT | 4WD |
| **[다이하츠]** | | |
| 미라 e:S | CVT | 4WD |
| 미라 토코트 | CVT | 4WD |
| 캐스트 | CVT | 4WD |
| 타프트 | CVT | 4WD |
| 무브 | CVT | 4WD |
| 무브 캠버스 | CVT | 4WD |
| 탄토 | CVT | 4WD |
| 웨이크 | CVT | 4WD |
| 아트레이 | CVT | 4WD |
| 분 | CVT | V 플렉시블 타임 4WD |
| 록키 | CVT | 다이내믹 토크컨트롤 4WD |
| 토르 | CVT | 4WD |

| 차량명 | 변속기 | 시스템명 |
|---|---|---|
| **[아우디]** | | |
| e-Tron GT quattro | 2 motor | quattro |
| RS e-tron GT | 2 motor | quattro |
| e-tron | 2 motor | quattro |
| A3 40 TFSI quattro | DCT | quattro |
| S3 | DCT | quattro |
| RS3 | DCT | quattro |
| A4 45 TFSI quattro | DCT | quattro |
| S4 | AT | quattro |
| RS4 | AT | quattro |
| A5 40 TDI quattro | DCT | quattro |
| A5 45 TFSI quattro | DCT | quattro |
| S5 | AT | quattro |
| A6 40 TDI quattro | DCT | quattro |
| A6 45 TFSI quattro | DCT | quattro |
| A6 55 TFSI quattro | DCT | quattro |
| S6 | AT | quattro |
| RS6 | AT | quattro |
| A7 40 TDI quattro | AT | quattro |
| A7 45 TFSI quattro | DCT | quattro |
| A7 55 TFSI quattro | DCT | quattro |
| A8 55 TFSI quattro | AT | quattro |
| A8 60 TFSI quattro | AT | quattro |
| S8 | AT | quattro |
| SQ2 | DCT | quattro |
| Q3 35 TFSI | DCT | quattro |
| Q3 35 TDI quattro | DCT | quattro |
| RS Q5 | DCT | quattro |
| Q5 40 TDI quattro | DCT | quattro |
| Q7 55 TFSI quattro | AT | quattro |
| Q8 55 TFSI quattro | AT | quattro |
| RS Q8 | AT | quattro |
| TT 45 TFSI quattro | DCT | quattro |
| TTS | DCT | quattro |
| TT RS | DCT | quattro |
| R8 | DCT | quattro |
| **[폭스바겐]** | | |
| 티구안R DCT 4MOTION | DCT | 4MOTION |
| 파사트 올트럭 DCT 4MOTION | DCT | 4MOTION |
| 알테온 DCT 4MOTION | DCT | 4MOTION |
| **[MINI]** | | |
| 클럽맨 COOPER ALL4 | AT | ALL4 |
| 크로스오버 COOPER D ALL4 | AT | ALL4 |
| 크로스오버 COOPER SD ALL4 | AT | ALL4 |
| 크로스오버 COOPER SE ALL4 | AT | ALL4 |
| JCW 클럽맨 | AT | ALL4 |
| JCW 크로스오버 | AT | ALL4 |

# CHAPTER **2**

# Method

## 4륜구동을 어떻게 활용할지에 대한 엔지니어의 주장

Illustration Feature
**AWD** PARADIGM SHIFT

[ MOTOR ]    File **1**

# 출력이 커진 리어 모터를 적극 활용함으로써
# 뮤(μ)가 높은 도로에서의 조종안정성이 대폭 상승

▶ 토요타    노아 / 복시 하이브리드 E-Four

신형 노아/복스 하이브리드 AWD 모델은 전고가 높은 미니밴의 주행성능을 바꿀만한 잠재력을 갖췄다.
뮤(μ)가 낮은 도로에서의 출발이나 오르막성능 확보분만 아니라, 포장도로에서의 핸들링에도 AWD가 힘을 발휘한다.
본문 : 안도 마코토   사진&수치 : 토요타

**E-Four 시스템 전체의 메커니즘 구성**

노아/복시로는 처음으로 E-Four를 탑재. 연비를 우선하는 생활 사륜이 아니라, 마른 노면에서 운동성능을 향상시키는데도 사용할 수 있는 고출력 모터를 사용한다. 그런데도 실내 공간은 2WD 사양과 차이가 없다.

 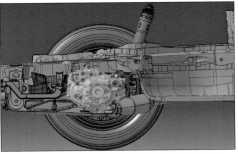

노아/복시를 타려는 사람들로서는 상당히 매력적일 것이다. 하이브리드 모델에 AWD 사양인 "E-Four(이포)"가 추가되었기 때문이다. 신형이 GA-C 플랫폼을 사용하기 때문에 후방 트랜스액슬에 프리우스나 카롤라 크로스에서 노하우를 쌓은 인덕션(유도방식) 모터를 사용할지도 모르겠다고 생각했으나, 예상과 달리 IPM(영구자석방식) 모터를 새로 설계했다. 기존 시스템과 달리 최고출력은 약 5.7배인 30kW, 최대토크는 약 1.5배인 84Nm으로 강화되었다.

새로운 E-Four는 왜 이런 스펙이 되었고, 어떤 제어가 실행될까. 개발을 지휘했던 마키노 아키히로 주임은 이렇게 설명한다.

「최소한으로 필요했던 기능은 눈길에서의 출발성능과 오르막성능의 확보였지만, 프리우스 장치로는 노아/복시의 무게를 견딜만한 출력이 부족했습니다. 더구나 이번에는 하이브리드 시스템 자체가 새로워졌기 때문에 사륜구동도 가솔린에 필적할 만한 성능으로 높이고 싶었죠. 또 향후 다른 모델에 적용한다는 점까지 감안해서

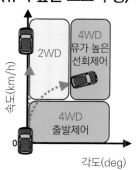

〈뮤가 낮은 도로 주행〉

속도(km/h) / 각도(deg)

4WD 슬립 시 뮤가 낮은 제어 / 4WD 뮤가 낮은 선회제어 / 4WD 출발제어, 슬립 시 제어

〈뮤가 높은 도로 주행〉

속도(km/h) / 각도(deg)

2WD / 4WD 뮤가 높은 선회제어 / 4WD 출발제어

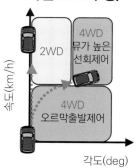

〈오르막길 도로 주행〉

속도(km/h) / 각도(deg)

2WD / 4WD 뮤가 높은 선회제어 / 4WD 오르막출발제어

## 다양한 뮤(μ) 노면에서의 토크제어 개요

← 뮤 및 경사를 판정해 제어모드를 전환한다. 뮤가 낮은 도로에서는 미끄러지지 않도록, 또 미끄러졌을 경우의 거동변화를 억제할 수 있도록 AWD주행 영역을 넓게 설정. 뮤가 높은 도로에서도 출발할 때는 사륜을 구동해 가속G를 높이고, 출발하고 나서는 2WD 위주로 연비를 향상. 선회할 때는 뒷바퀴로 토크를 배분해 운동성능을 향상시킨다. 오르막길에서는 출발할 때 AWD로 커버하는 속도영역을 넓히고, 가속 중의 슬립을 방지해 안심감을 높이다.

■ Rr 안정성(조향과 차량의 일체감 지표)

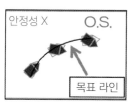

안정성 X / O.S. / 목표 라인

대수 지표

선회성능량

슬립각 속도 변화량 / 선회성능 좋음

☆F/F제어 없음
◆SUV차 B
★노아/복시
◆SUV차 C
◆SUB차 A

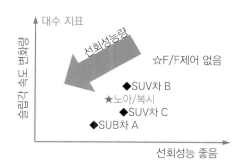

구동축 토크(Nm) / 속도(km/h)

NOAH/VOXY E-Four
2WD

프리우스에서는 출력이 작아 실시하지 않는다.

■ 라인 추종성(목표한 궤적으로의 추종성 지표)

추종성 X / U.S. / 목표 라인

## 낮은 뮤 도로에서 계획한 코너링 특성

← 슬립각 속도 변화(세로축)가 크다는 것은 차량이 자전해 오버 스티어가 된다는 뜻이고, 회전반경 변화율(가로축)이 크다는 것은 언더 스티어가 발생해 라인 추종성이 나빠진다는 것을 의미한다. 따라서 원점에 접근할수록 선회성능이 높다. 신형 노아/복시의 뮤가 낮은 도로에서의 선회성능은 SUV와 거의 비슷한 수준이다.

## 제로 출발에서도 리어 어시스트를 높여 시간을 단축

↑마른 노면에서도 출발할 때부터 리어 모터를 활용해 2WD보다 총 구동력을 30% 높인다. 이를 통해 출발가속G가 30% 높아져 0-50km/h의 가속시간을 약 0.3초(약 8%) 단축한다.

## 노면 뮤(μ) 추정 로직과 코너링 중의 제어

→ 제어 상 특징 가운데 하나가 뮤가 높은 도로에서도 뮤를 판정한다는 점이다. 어느 쪽이든 타이어가 공전했을 때 발생하는 합성가속도를 뮤로 대체해, 마찰원에 여유가 있는 바퀴의 구동력(앞뒤 배분만)을 높임으로써 선회성능을 향상시킨다. 마찰계수와 접지하중의 곱($\mu mg$)은 작용하는 힘과 동등하고, 힘은 질량m×가속도$\alpha$이므로 양변에서 질량을 빼면 $\mu = \alpha / g$가 된다. g는 일정하므로, 가속도를 마찰계수로 대체할 수 있다.

## 출발가속 때의 뮤(μ) 추정

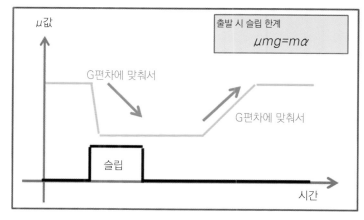

μ값 / 시간

출발 시 슬립 한계
$\mu mg = m\alpha$

G편차에 맞춰서
G편차에 맞춰서
슬립

---

30kW/84Nm이라는 스펙으로 결정하게 된 겁니다」

하지만 토요타에서는 이미 RAV4용으로 40kW의 알파드와 젤파이어용으로 50kW짜리 후륜구동용 전동 트랜스액슬을 갖고 있다. 이것을 사용하는 선택지는 없었을까.

「신형 노아/복시는 "하이브리드 사륜구동이지만 실내공간은 줄이지 않는다"는 것을 전제로 뒀습니다. 그런데 갖고 있던 트랜스액슬은 크기가 커서 그 요건에 부합하지 않았죠. 상세한 점은 뒤쪽에서 담당자가 설명하겠지만, 기어트레인을 프리우스와 같은 2축방식으로 해서 GA-C 플랫폼에 탑재할 수 있는 트랜스액슬로 만든 겁니다(마키노 주임)」

연비를 우선시한다면 인덕션(유도방식)모터가 유리하지만, 출력밀도가 낮기 때문에 목표로 하는 성능을 끌어내려면 커져야 해서 탑재가 안 된다. 때문에 필연적으로 IPM 모터가 될 수밖에 없지만, 그렇게 하면 오히려 뮤가 낮은 도로에서 출발 어시스트로만 사용하기에는 과도한 성능을 내게 된다.

제어를 담당했던 시미즈 사토시 주간은 이렇게 설명한다.

「종래에 C세그먼트에 적용했던 E-Four는 미끄러지기 쉬운 노면에서의 출발이나 오르막성능 확보에 초점을 맞추었기 때문에 가능한 연비를 우선해야 한다는 개념이었습니다. 반면에 신형 E-Four는 프리우스 것과 달리 트랜스액슬의 구동축 토크가 약 1.5배로 높아졌고 사용할 수 있는 회전수도 Vmax(최고속도 영역)까지 높아졌기 때문에, 이것을 어떻게 제대로 사용해 새로운 가치를 제공할 것인가 라는 관점에서 개발을 추진했던 것이죠」

프리우스 시스템에서도 약 70km/h까지는 후륜 구동이 가능하지만, 유감스럽게 출력이 낮기 때문에 유효하게 기능하는 것은 30km/h 정도까지이다. 뮤가 낮은 도로에서의 출발성능은 만족스럽지만 운동성능을 제어하는 수준에는 미치지 못한다.

「신형 노아/복시는 고속영역까지 AWD를 사용할 수 있기 때문에 SUV 수준의 저(低)뮤 선회성능을 확보하고 있습니다. 그렇게 되는데 있어서 중요한 기술 가운데 하나가 피드포워드 제어입니다. 속도와 조향각도, 액셀러레이터를 밟는 양 등으로부터 필요한 토크 배분비율을 추정해 거동변화가 일어나기 전에 구동력 배분을 최적화하는 것이 피드포워드 제어입니다. 그 제어를 하지 않을 때의 성능이 그래프(앞 페이지 상단의 선회반경 변화율과 슬립각 속도변화량)에서 ☆로 표시된 부분입니다. 거기에 피드백 제어를 조합해 거동이 흔들리면 바로 보정을 해줘서, 가려고 하는 차선으로 갈 수 있도록 앞뒤 구동력배분을 제어하는 것이죠(시미즈 주간)」

토크가 높아진 리어 모터의 성능은 마른 도로에서의 출발가속성능 향상에도 기여한다.

「노면 뮤와 상관없이 출발할 때는 AWD로 움직입니다. 리어 모터를 이용해 총 구동력을 약 30% 높임으로써 출발가속G의 추가를 노린 것이죠. 그 결과 하이브리드 2WD 모델과 비교해 0-50km/h 가속시간을 약 0.3초(약 8%) 단축할 수 있었습니다(시미즈 주간)」

이 정도의 성능을 발휘하는 고성능 모터를 바닥 형상도 바꾸지 않고 어떻게 탑재했을까. 트랜스액슬 전체 설계를 담당한 아이신 회사의 기다 도키요시 그룹장에게 물었다.

「프리우스와 똑같이 기어트레인에 2축구조를 적용했습니다. 큰 감속비를 얻기 위해서는 2단으로 감속할 필요가 있는데, 인풋 축과 아웃풋 축을 따로 하면 3축이 되면서 크기가 커지게 됩니다. 그래서 모터 샤프트를 중공으로 만들고 그 안에 아웃풋 샤프트를 통과하게 함으로써 카운터 샤프트에서 1단, 거기서 디퍼렌셜의 링 기어로 돌아가는 시점에 또 1단을 감속합니다. 이렇게 하면 측면시점의 크기를 프리우스와 거의 비슷하게 유지할 수 있습니다. 모터 출력을 확보하기 위해서 평면시점 상으로는 우측으로 50mm가 길지만. 앞뒤 및 상하 치수는 커지지 않아 2WD 차량과 똑같은 바닥에 탑재할 수 있게 된 것이죠」

프리우스에 적용된 기술은 저항감축에 따른 연비향상에도 기여한다.

## 후방 모터 구조와 축 배치

내부구조는 프리우스의 전동 트랜스액슬과 많이 닮았다. 구리선으로 감은 것이 스테이터로, 그 안쪽의 로터가 회전하다. 로터 회전은 중공 샤프트를 경유해 드라이브기어로 전달되고, 카운터샤프트로 가는 시점에서 1회 감속한다. 거기서부터 디퍼렌셜(연두색)의 링 기어로 돌아오는 시점에서 다시 한 번 감속된다. 디퍼렌셜 기어에서 나뉜 구동력은 좌측은 직접, 우측은 중공 샤프트 내부를 관통하는 샤프트를 경유해 뒷바퀴로 전달된다.

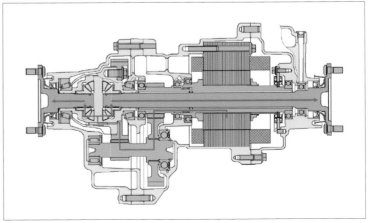

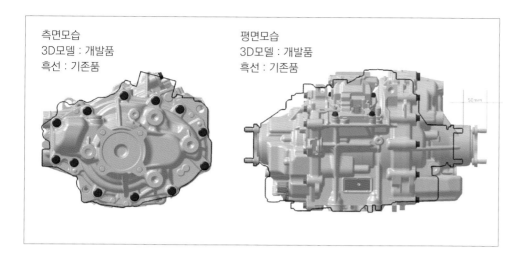

측면모습
3D모델 : 개발품
흑선 : 기존품

평면모습
3D모델 : 개발품
흑선 : 기존품

## 프리우스 4WD와 비교해도 크기는 최소한으로 억제

← 검은 선이 프리우스의 리어 트랜스액슬, CAD그림이 새로운 E-Four 트랜스액슬. 탑재성과 관련된 전후 및 상하 치수는 거의 변함이 없다. 축 방향으로는 50mm 길어졌지만, 이것은 탑재성에 영향을 주지 않는다.

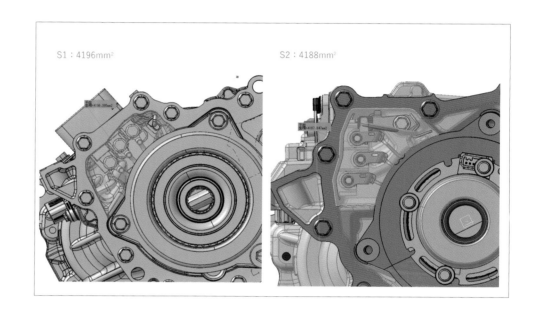

S1 : 4196mm²

S2 : 4188mm²

## 세세한 개량을 통해 출력이 큰 모터임에도 면적은 작다.

→ 공장에서의 조립작업성을 확보하기 위해서 동력선 접속부분도 작게 만들어져 있다. 왼쪽이 기존제품이고 오른쪽이 신형. 가운데의 3개 부품이 동력선. 점유 공간 감축이 8mm²에 불과하지만 이 치수가 필요했다.

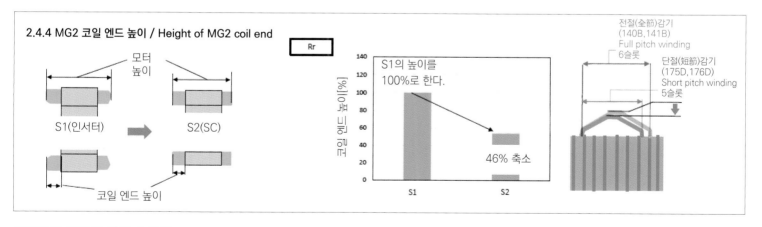

2.4.4 MG2 코일 엔드 높이 / Height of MG2 coil end

Rr

모터 높이

S1(인서터) → S2(SC)

코일 엔드 높이

S1의 높이를 100%로 한다.

46% 축소

코일 엔드 높이[%]

S1    S2

전절(全節)감기
(140B,141B)
Full pitch winding
6슬롯

단절(短節)감기
(175D, 176D)
Short pitch winding
5슬롯

## 모터구조 변경을 통한 소형화

↑스테이터 코일은 다발감기 선을 스테이터 코어에 삽입하는 인서터방식에서 각단면의 동선(動線)을 슬롯에 끼우는 세그먼트 감기로 변경. 감기방법도 전절감기에서 단절감기로 바꾸고, 비틀림 형상의 최적화나 제조공법 개량을 통해 코일 엔드 높이를 46% 낮추었다.

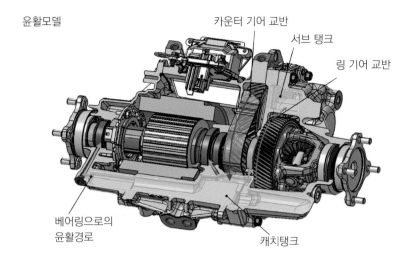

윤활모델 / 카운터 기어 교반 / 서브 탱크 / 링 기어 교반 / 베어링으로의 윤활경로 / 캐치탱크

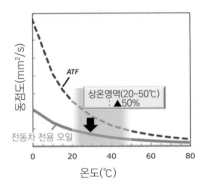

동점도(mm²/s) / ATF / 상온영역(20~50℃) : ▲50% / 전동차 전용 오일 / 온도(℃)

PROFILE

**시미즈 사토시**
(Satoshi SHIMIZU)
토요타자동차 주식회사
전동 파워트레인 제어기능 개발부
제1주행제어개발실 주간

**마키노 아키히로**
(Akihiro MAKINO)
토요타자동차 주식회사
제1파워트레인 개발부
기획실 주임

**기타가와 가츠히데**
(Katsuhide KITAGAWA)
토요타자동차 주식회사
모토유닛 개발부
프로젝트추진실 주임

**기다 도키요시**(Tokiyoshi KIDA)
주식회사 아이신
EV기술부 제2설계실
그룹장

### 교반저항 감축과 오일 개량

↑ 2WD로 달릴 때는 제로토크 제어를 통해 끌림 손실을 줄인다. 나아가 윤활유의 교반저항에 따른 손실도 감축한다. 주행 중에는 오일을 캐치탱크에 저장함으로써 케이스 안의 오일 높이를 최소한으로 억제한다. AT액을 유용했던 윤활유도 전동 트랜스액슬 전용의 저점도 사양을 개발했다.

「윤활유가 케이스 바닥에 고이면 기어로 인한 교반동작 때 손실이 커지게 됩니다. 그것을 막기 위해서 카운터 기어로 교반된 오일은 캐치탱크로, 링 기어로 교반된 오일은 서브탱크에 저장한 다음, 거기서 필요한 양만큼 유로를 사용해 베어링으로 보내는 식으로 윤활성능 확보와 교반 손실의 감축을 양립시키고 있습니다. 그때도 인풋 축으로 가는 오일이 많으면 감속비가 추가되는 양만큼 손실이 커지기 때문에 인풋 쪽에 불필요한 오일이 공급되지 않도록 시뮬레이션을 사용해 설계합니다(기다 그룹장)」

오일도 하이브리드 트랜스액슬용으로 새로 개발한 것을 사용한다. 기존에는 ATF를 사용는데 AT는 다판 클러치 등 마찰요소가 있어서 ATF 점도를 낮추는데는 한계가 있다. 그래서 이것을 전동 트랜스액슬 전용으로 만들어 상용영역에서의 동점도(動粘度)를 약 50% 낮춘 것이다.

이런 마찰손실 감축 기술의 축적과 시스템 전체의 효율향상을 통해 WLTC모드 연비가 타사 2WD를 웃도는 22.0km/ℓ를 달성. 신형 노아/복시의 하이브리드 2WD와 비교해도 불과 1km/ℓ 차이밖에 안 난다.

트랜스액슬 전체 설계 및 제조는 아이신에서 했지만 모터는 덴소 제품이다. 이것을 설계·담당한 사람이 기타가와 가츠히데 주임이다.

「프리우스 모터에 대해서는 로터를 IM(유도방식)에서 IPM(영구자석방식)으로 바꾼 것 말고도, 스테이터(stator) 코일을 인서터(inserter) 방식에서 세그먼트(segment) 방식으로 바꿨습니다. 코일 엔드는 전절(全節)감기에서 단절(短節)감기로 바꾸면서 로터 높이(축 방향 치수)를 약 5% 줄였습니다」

프리우스에서 바뀐 점은 후방 모터도 전방과 똑같이 전압을 승압해 사용한다는 점이다. 프리우스는 201V 전원전압을 그대로 사용했지만 신형 노아/복시에서는 최대 600V까지 승압한다.

「그것도 크기가 커지는 원인이기는 하지만, 동력선을 빼내는 방법을 개선해 프리우스보다 오히려 작은 공간에서 실현했습니다. 동력선 입구를 용접부분으로 두면 용접작업을 하는 공간을 넓게 확보해야 하지만 이것을 용접부분 반대쪽으로 가게 해 공간을 줄인 것이죠. 또 단자형상도 약간 구부리게 만듦으로써, 앞에서 오는 케이블의 접속부위를 옆쪽 가운데로 오게 했습니다(기타가와 주임)」

성능 측면이나 거주성 측면 모두에서 「미니밴 하이브리드 사륜구동이니까 어쩔 수 없는 측면이 있다」는 점을 배제한 신형 E-Four 시스템. 다른 경쟁사가 넘어야 할 장애물이 또 하나 만들어진 느낌이다.

# 한 순간도 2륜 구동을 하지 않는 이유

**▶ 미쓰비시 모터스**    **S-AWC : 아웃랜더 PHEV**

미쓰비시자동차의 아웃랜더 PHEV는 앞뒤로 고출력 모터를 탑재한 트윈 모터 AWD를 채택한다.
전방과 후방의 모터를 자유롭게 제어할 수 있다는 점이 가장 큰 특징이다.
그 특징을 살려서 「지향하고자 하는 주행 모습」에 관해 물어보았다.
본문 : 세라 고타   수치 : MMC   사진 : MFi

### 후방용 YA1형 구동모터

트윈 모터 AWD를 바탕으로 안정성 제어나 ABS, 브레이크
AYC를 통합적으로 제어하는 S-AWC를 적용. 앞뒤 모터의
출력(다음 페이지 참조) 배분비율(46 : 54)은 S-AWC의
제어 가능범위를 최대화하는 관점에서 정하고 있다.

### GNOW형 아웃랜더 PHEV

최초의 아웃랜더 PHEV는 2013년에 판매. 이때의 앞뒤
모터는 둘 다 60kW였다(18년에는 뒤쪽을 70kW로 변
경). 신형에서 출력을 크게 향상시킨 이유는 중량증가를 흡
수하면서 출발할 때의 응답성과 최대속도를 끌어올리기 위
해서이다.

2021년 12월부터 일본에서 판매되기 시작한 미쓰비시 아웃랜더 PHEV에는 전방과 후방에 고출력 모터를 탑재한 트윈 모터 AWD가 탑재되어 있다. 아웃랜더 PHEV는 전방에 최고출력 85kW와 최대토크 255Nm 모터를, 후방에는 최고출력 100kW와 최대토크 195Nm 모터를 탑재한다. 앞뒤 차축은 기계적으로 연결되지 않는다. 그래서 커플링 AWD와 달리 구동바퀴 상태로 인해 추동바퀴가 영향을 받을 일이 없다.

「먼저 미쓰비시 자동차로서 하고 싶은 점을 설명하겠습니다」라며 사와세 가오루씨가 입을 뗀다.

「AWD의 앞뒤 구동력 배분이나 S-AWC(차량운동 통합제어 시스템), 즉 좌우바퀴 사이의 토크 벡터링이나 브레이크 제어를 조합해 운전자가 원하는 대로, 즉 조향하는 대로 자동차가 지체 없이 움직이도록 하는 것을 지향하고 있습니다. 기본은 전후와 좌우, 자전(yaw)까지 평면상의 3방향 자유운동에 바탕을 두고 있습니다. 이를 바탕으로 운전자가 조작하는 대로 움직이면 결과적으로 탔을 때는 재미있고, 생각한 대로 움직이면

나쁜 환경이라 하더라도 다양한 사람이 안전하게 달릴 수 있겠죠. 그런 신념을 갖고 개발에 나섰던 겁니다」

뒤집어 말하면 히브(heave)나 피치(pitch), 롤(roll) 같은 상부 쪽 자세를 제어하려는 생각은 없었다는 뜻이다.

「평면 3방향 자유운동을 저해하는 상황이 많기 때문입니다. 당사 자동차는 전방이 스트럿 방식이고 후방은 C세그먼트 이상일 때는 멀티링크 방식이죠. 전방을 더블 위시본 계열로 하면 다르지만 스트럿 같은 경우는 제어 구동력을 걸었을 때 내려앉는다든

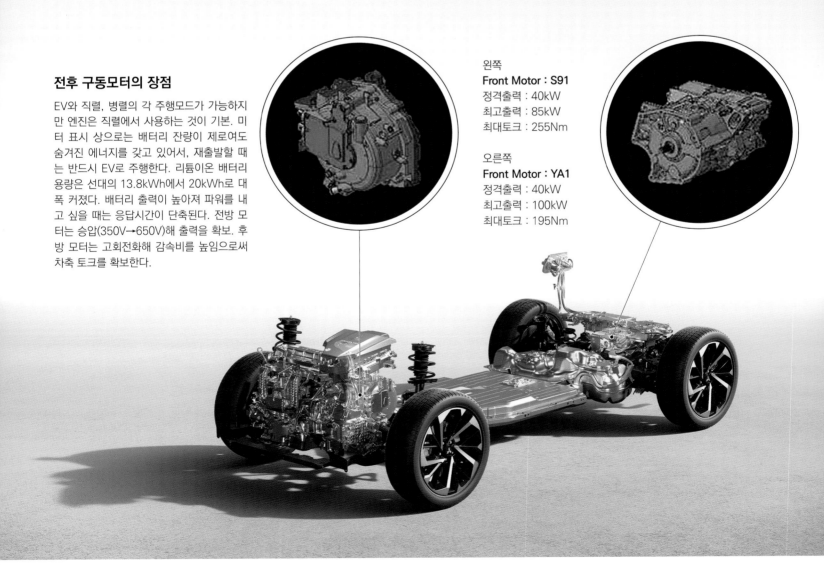

### 전후 구동모터의 장점

EV와 직렬, 병렬의 각 주행모드가 가능하지만 엔진은 직렬에서 사용하는 것이 기본. 미터 표시 상으로는 배터리 잔량이 제로여도 숨겨진 에너지를 갖고 있어서, 재출발할 때는 반드시 EV로 주행한다. 리튬이온 배터리 용량은 선대의 13.8kWh에서 20kWh로 대폭 커졌다. 배터리 출력이 높아져 파워를 내고 싶을 때는 응답시간이 단축된다. 전방 모터는 승압(350V→650V)해 출력을 확보. 후방 모터는 고회전화해 감속비를 높임으로써 차축 토크를 확보한다.

왼쪽
**Front Motor : S91**
정격출력 : 40kW
최고출력 : 85kW
최대토크 : 255Nm

오른쪽
**Front Motor : YA1**
정격출력 : 40kW
최고출력 : 100kW
최대토크 : 195Nm

가 떠오르게 하는 자세(Geometry)를 취하기가 쉽지 않습니다. 할 수는 있지만 스트럿 방식에서 제동 시 전방이 내려앉는 자세를 취하면 조향감이나 조종안정성에 악영향이 나타나기 때문이죠」

한편으로 멀티링크 방식인 후방은 스프링 상부 자세를 제어하는 서스펜션 지오메트리를 잡기 쉽다.

「가속할 때 뒷바퀴에 배분하면 후방이 내려앉지 않도록 하는 자세제어도 가능합니다. 회생 브레이크까지 포함해서 제동을 걸 때는 후방이 뜨지 않도록도 할 수 있죠. 하지만 평면상 3방향 자유운동을 최적화한다는 관점에서 보면 전방의 브레이크 힘을 강하게 하는 것이 좋습니다. 하중이 줄어든 후방에서 회생하면 횡력 여유가 없어져 자동차가 불안정하게 되죠. 선회하기 위해서 조향할 때 후방도 바로 순응해서 횡력을 발휘해주지 않으면 공전이 시작되지 않기 때문에 반응이 없어집니다. 요컨대 감속할 때 후방의 회생배분을 강화하면 조향감이 나빠집니다. 긴급회피 같은 조향을 할 때의 기능도 나빠지고요. 평면 3방향 상에서 보통으로 달릴 때의 반응, 안정적 느낌, 똑바로 달리는 거동을 일상영역에서 발휘하게 하려면, 가속할 때는 별도로 치고 감속할 때는 조향감이 나빠지기 때문에 자세를 제어하려고 하지 않는 겁니다」

「하지 않는다」고 말하는 한편에서 「항상한다」고 강조하는 자세도 있다. 「상시 AWD

를 유지한다」는 것이다. 앞뒤로 독립된 모터를 갖고 있기 때문에 트윈 모터 AWD 같은 경우는 구동바퀴 쪽에서 추동바퀴 쪽으로 배분한다는 표현은 맞지 않지만, 연비나 전비를 위해서 틈이 있으면 후방 모터를 쉬게 한다거나, 기본적으로는 전방 모터만으로 달리고 상황에 맞춰서 후방을 최소한으로 구동하는 제어는 하지 않는 것이다.

「당사는 여하튼 풀타임 4WD입니다. 2WD는 절대 하지 않습니다. 왜냐면 후방으로 약간의 구동을 걸어주기만 해도 직진 안정성이 좋아지기 때문입니다. 이것은 메커니즘 4WD로부터 쌓은 노하우이기도 하죠. 가령 전방으로 100% 배분한 상태에서 달리면, 전방의 등가CP(Cornering Power)가 떨어집니다. 그 때문에 자신이 생각했던 곡선만큼 선회하지 않기 때문에 당황하면서 더 꺾게 되죠」

그러면 조향속도도 빠르기 때문에 롤링이 커지면서 흔들거린다. 한편, 후방에까지 배분하면 생각한대로 조향이 발휘되기 때문에 롤링이 덜 발생한다. 자세를 제어한다는 인식도 있지만, 그 전에 「운전자가 능숙하게 운전할 수 있게 하는 것이 중요하다」고 사와세씨는 말한다. 바탕에 있는 것은 이상적 앞뒤 구동력배분 이론이다. 1980년대에 확립된 이론으로, 사와세씨 등은 이 이론을 바탕으로 장치의 기술적 진화를 활용하면서 이상적인 주행을 추구해 왔다.

「앞뒤 제어 구동력으로 해야 할 일은 앞뒤바퀴의 횡력이 잘 나오도록 하는 균형 또는 세로방향 균형을 최적으로 유지하는 겁니다. 그렇게 하면 액셀러레이터에 대한 지체분만 아니라 조향에 대한 지체도 짧아집니다. 트윈 모터 AWD이기 때문에 할 수 있는, 이상적 배분이 가능한 것이죠. 커플링 AWD는 상황에 따라 앞뒤 배분이 정해지는 부분이 있기 때문에 튜닝으로 잡아주는 느낌이죠. 트윈 모터가 이상적 상태로 쉽게 만들 수 있다고 생각합니다」

사와세씨는 미쓰비시자동차가 지향하는 트윈 모터 AWD를 포함해 자동차제조를 테니스의 "더 큰 라켓"에 비유했다. 공이 닿는 면적을 넓힌 라켓은 테니스를 일부 선수만을 위한 경기에서 누구나가 즐길 수 있는 스포츠로 바꾸었다.

「우리는 자동차를 그렇게 만들고 싶은 겁니다. 누구나가 즐길 수 있는 자동차로 만들면 초보자라도 능숙하게 운전할 수 있게 되고 동승자도 안심감이 커지겠죠. 프로 같으면 상당한 실력을 발휘할 거구요」

트윈 모터 AWD는 그러기 위한 중요한 장치 가운데 하나인 것이다.

# 앞뒤 구동토크 배분을 어떻게 가져갈까

## ✓ Analysis result on μ = 1.0

### 주요 차량제원

| 파라미터 | 값 | 단위 |
|---|---|---|
| $m$ | 1,500 | kg |
| $L_f$ | 1.0 | m |
| $L_r$ | 1.6 | m |
| $H_g$ | 0.6 | m |

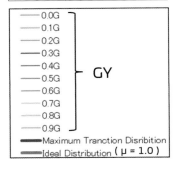

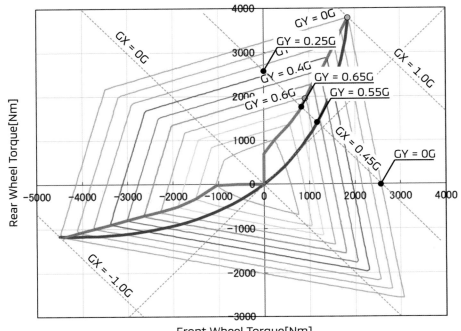

## 이상적 배분을 추구한다면

위 그림은 이상적인 앞뒤 구동력 배분도(노면 $\mu$=1.0)를 나타낸 것이다. 트윈 모터 AWD의 앞뒤 구동력 배분은 이것을 바탕으로 하고 있다. 횡축은 앞바퀴 토크로 양수는 구동 측, 음수는 제동 측이다. 세로축은 뒷바퀴 토크. 붉은 라인이 이상적 배분. 가속영역은 후방으로 치우치게 배분하고, 감속영역은 전방으로 치우치게 배분하는 것이 평면 3방향 자유상으로 유리하다는 것을 나타낸다.

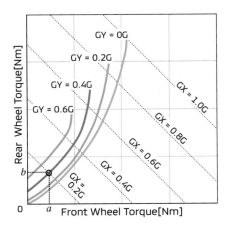

## → 효과를 측정해 보면

눈길에서 정상적으로 선회하는 중에 핸들을 유지한 상태로 가속했을 때의 3가지 사양의 자동차를 비교한 그래프. FWD 베이스 자동차(녹색) 횡가속도와 요 레이트에, RWD 베이스 자동차(청색)는 전후 가속도에 어려움이 있다. 그에 반해 이상적 앞뒤 구동력 배분 제어 자동차(적색)는 어떤 성능에도 큰 변화 없이 성능을 만족시킨다는 것을 알 수 있다.

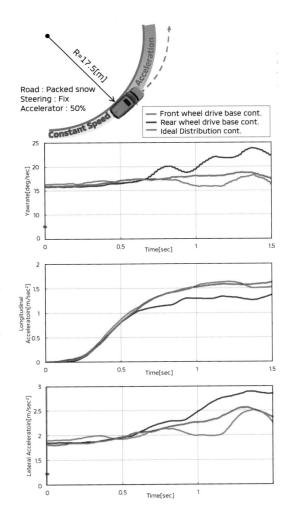

## ↑ 자동차에 반영하면

앞뒤G(GX)와 횡G(GY)에서 이상적은 앞뒤 토크 배분은 이론적으로 요구된다. S-AWC는 이들 두 가지 파라미터에 맞춰서 앞뒤 토크 배분비율을 제어하는 로직을 반영한다. 가속하면 할수록 하중이 뒤로 이동하기 때문에 앞뒤 토크 배분이 앞뒤 하중배분에 비례한다. 횡G가 큰 영역에서는 전방 배분이 줄어든다는 것을 알 수 있다.

| mode | powertrain (6종류) | 4WD (6종류) | AYC (5종류) | EPS (2종류) | TCL (4종류) | ASC (4종류) |
|---|---|---|---|---|---|---|
| POWER | 게인 최대 최대시스템출력:185kW | 표준 (직진 시 가변배분) | 표준 | 표준 | 표준 | 표준 |
| ECO | 게인:작음 | 표준 | 표준 | 표준 | 표준 | 표준 |
| NORMAL | 표준 | 표준 | 표준 | 표준 | 표준 | 표준 |
| TARMAC | ・게인:큼 ・최대시스템출력:185kW | 고(高)횡G에서의 선회성 : 양호 | 게인:큼 | 어시스트 양 : 작음 | 표준 | 표준 |
| GRAVEL | 표준 | 중(中)μ에서의 안정성·출발성 : 양호 | 게인:작음 | 표준 | 목표 슬립비율:약간 큼 | ・엔진토크억제 제어 ・게인:약간 작음 |
| SNOW | 게인:약간 작음 | 저(低)μ에서의 안정성:양호 | 게인:약간 작음 | 표준 | 목표 슬립비율:작음 | ・엔진토크억제 제어 ・게인:약간 큼 |
| MUD | ・출발 시:게인 약간 큼 ・출발 후 : 표준 | 트랙션성능:최대 | ・액셀러레이터 ON일 때는 작동 없음 ・액셀러레이터 OFF일 때는 게인 약간 작음 | 표준 | ・출발 시:목표 슬립비율:작음 ・출발 후:목표 슬립비율:큼 | ・엔진토크억제 제어 ・게이:약간 작음 |

## 7종류 모드, 각각의 제어

신형 아웃랜더 PHEV는 7종류의 드라이브 모드를 설정했다. 그 가운데 타막, 그라벨, 스노우, 머드는 노면에 맞춘 모드이다. 머드는 새로 설정. 그라벨은 조향도 잘 듣고 트랙션도 잘 듣는, 말하자면 S-AWC의 목적이 가장 잘 표현된 모드. 머드는 이상적 앞뒤 구동력 배분으로 말하면, 선회방향은 의식하지 않고 최대 트랙션을 노린 것. 동적 하중에 비례한 앞뒤 배분으로 만들어 직결 AWD같은 느낌을 준다. 하중이동과 액셀러레이터 제어로 선회하는 이미지.

## 포장도로에서의 거동

↓ 노멀 모드에서도 후방 모터를 구동해 상시AWD로 달린다. 전비·연비 관점에서는 전방 모터로만 달리면 좋겠지만, 직진 안정성을 담보하는 측면에서 후방에도 상시적으로 배분한다. 타막 모드를 선택하면 엔진시동이 걸리고 시스템 최대출력을 언제든 낼 수 있는 준비로 들어간다. AWD는 횡G가 높은 선회성을 중시한 배분으로, 서킷에 적합하다.

## 비포장도로에서의 거동

→ 필자는 서킷과 다트 코스에서 각각 전체 모드를 실험해 봤다. 타막은 건조한 포장도로를 겨냥한 설정이고, 다트에서는 제어 개입이 빠르게 들어가 주행을 방해한다. 그라벨은 그야말로 사진같은 노면에서 최적의 성능을 보여준다. 머드는 액셀러레이터 ON일 때 브레이크 AYC를 작동시키지 않는 등, 조향 효능을 의도적으로 떨어뜨린다. 확실히 직결 AWD 같은 주행성능을 맛볼 수 있다.

## S-AWC 효과

← S-AWC OFF(FF)와 ON(AWD)으로 사내 시험도로를 주행했을 때의 조수석 탑승객을 비교한 모습. 앞바퀴로만 달릴 때는 슬립각도에 대한 횡력의 상승 기울기가 완만해서 지체로 이어지기 때문에 핸들을 빨리 더 틀어서 되돌리려고 한다. 그것이 큰 롤링을 불러온다. 이상적 앞뒤 구동력 배분에 기초해 후방으로 배분하면 생각한대로 돌기 때문에 롤링이 줄어든다.

PROFILE

**사와세 가오루**(Kaoru SAWASE)

미쓰비시자동차공업 주식회사
EV·파워트레인 기술개발본부
치프 테크놀로지 엔지니어 박사(공학)

# 원했던 것은 후방 50kW 출력

▶ 닛산　e파워(e-POWER) 4WD / e포스(e-4ORCE)

지금까지의 e·4WD사양이 긴급탈출용이었던 것과 달리 e파워 4WD는 앞뒤 모터구동 특성을 충분히 살리면서 개념을 크게 바꾸고 있다.
평소 운전부터가 다른, 제어의 핵심에 관해서 엔지니어한테 자세히 들어보았다.

본문 : 안도 마코토　사진 : 닛산

## 전동 AWD가 가져온 차량거동 차이

AWD전환에 따라 회생제어할 때 피칭 거동을 제어할 수 있게 되었다. 앞바퀴만 회생할 때는 앞쏠림 현상(anti-dive)이 강하게 작용할 뿐만 아니라 피치 센터가 운전자보다 앞에 오기 때문에 피칭 모멘트로 인해 운전자의 몸 전체가 뜨게 된다. 뒷바퀴만 회생할 때는 리어 서스펜션의 리프트 힘이 작용해 피치 각도 자체가 과대해진다. 이것을 앞6 : 뒤4로 제어하면 운전자는 피치거동을 잘 느끼지 못한다고 한다.

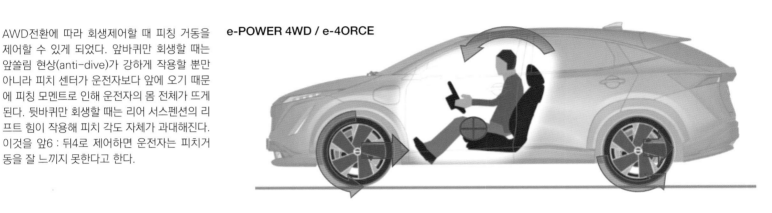
e-POWER 4WD / e-4ORCE

FWD

RWD

### e파워 4WD의 리어 모터

노트(NOTE)와 오라(AURA)의 e파워 4WD용으로 개발된 후방 구동장치. 스테이터 코일을 각 단면으로 삼아 점유율을 향상. 인버터를 모터 케이스에 내장해 선이나 단자 부위를 없앰으로써 크기를 줄였다.

어느덧 닛산의 간판이 된 전기구동 기술 e파워(e-POWER). 자동차 공학적으로는 기존에 있던 직렬방식 하이브리드 시스템이지만, 전기모터로만 바퀴를 구동하는 장점을 활용해 모터이기 때문에 가능한 제어특성을 살림으로써 질 높은 승차감으로 호평을 받고 있다.

특히나 뛰어난 것이 신형 노트 e파워에서 추가된 전동 4WD 시스템이다. 필요에 따라 후방 모터의 구동과 제동력을 사용해 운동성능이나 승차감을 향상시킨다. e파워 4WD 스펙은 어떻게 정해졌고 어떻게 제어될까.

「닛산자동차의 공통된 콘셉트는 '자신을 갖고 운전할 수 있다(Confident Drive)'입

## ● 앞뒤 독립구동과 뒤축 출력의 목적

내연기관 AWD는 「구동력 배분」이라기보다 「앞뒤 바퀴의 구속력 제어」에 가깝다. 구동력은 회전속도가 빠른 쪽에서 느린 쪽으로만 전달된다. e파워 4WD는 앞뒤를 독립적으로 제어할 수 있기 때문에 시스템 상으로는 100 : 0~0 : 100까지 자유롭게 구동력 배분을 바꿀 수 있다. 실제 제어에서는 4륜의 마찰원을 유효하게 사용하기 위해서 구동력 배분 비율을 앞뒤 중량배분 비율과 똑같이 하는 것이 기본이다. 가속할 때는 하중이동에 따른 앞뒤바퀴의 접지압 변화를 가미해 뒷바퀴 구동력을 높여 나간다.

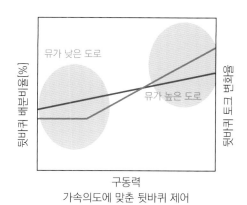

전동AWD

앞뒤 구동력 배분이 가능

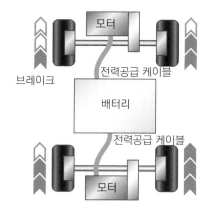

기존

트랜스퍼의 기계적 성능을 만드는 경쟁

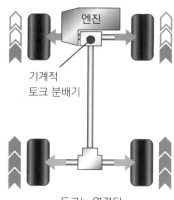

토크는 연결된
프로펠러샤프트를 통해 배분

가속의도에 맞춘 뒷바퀴 제어

### 뒷바퀴 출력을 어떻게 사용할 것인가

눈길에서는 뒷바퀴가 슬립한계를 넘지 않는 한도에서 제어해 구동력을 최대화한다. 뮤가 낮은 도로에서 구동력을 높일 때는 뒷바퀴의 토크 증가"율"을 일정하게 제어("양"은 비례). 뒷바퀴 배분비율은 항상 비례적이 되도록 앞바퀴도 제어한다.

---

니다. 그것을 구성하는 가치로 ①조금만 조향을 수정해도 원하는 차선을 그릴 수 있어야 한다는 점, ②모든 탑승객이 편안함을 느끼는 요·피치 모션과 숏 서포트, ③노이즈나 진동에 방해 받지 않는 실내공간 3가지를 들고 있죠. 이 3가지 가치를 전기자동차의 4WD화를 통해 ①탁월한 핸들링 취급편이성, ②노면을 가리지 않는 안심감, ③탑승객모두가 느끼는 쾌적한 승차감으로 끌어올릴 수 있다고 생각합니다. 사륜으로 구동과 회생제어를 하면 이 가치들을 더 높은 차원으로 끌어올릴 수 있다는 것이죠. 그것이 바로 e파워 4WD의 목적입니다. 나아가 아리야부터 도입된 e포스(e-4ORCE)에서는 인텔리전트 트레이스 컨트롤 등, 브레이크 제어를 통한 섀시 컨트롤과의 협조제어를 바탕으로 더 질 높은 '컨피덴트 드라이브'를 제공해 나갈 생각입니다」

닛산이 AWD를 통한 운동성능 향상에 착수한 것은 오래 전 일로서, 1987년에 데뷔한 U12형 블루버드인 "아테사"까지 거슬러 올라간다. 이것은 기계식 센터 디퍼렌셜에 비스커스 방식의 LSD를 조합한 장치로, 89년에는 전자제어 토크 스플릿 방식의 '아테사 E-TS'로 진화시켜 R32형 스카이라인 GT-R에 탑재했다. 능동적 토크 배분을 바탕으로 운동성능 제어에 나선 것이다.

「e파워 4WD를 개발했을 때도 아테사 E-TS 전략을 적용했습니다. 선회할 때 초기에 앞쪽으로 구동력이 걸리면 벡터링 효과가 발생해 부드럽게 선회를 시작합니다. 게다가 구동력 영향을 받아 타이어의 착력점이 앞으로 나가기 때문에 코너링 포스가 조금 올라가죠. 선회자세가 결정되고 나면 앞바퀴 구동력을 떨어뜨리고 뒷바퀴 구동력을 높입니다. 이렇게 하면 앞바퀴의 횡방향 그립에 여유가 생기기 때문에 언더 스티어를 제어할 수 있습니다. 코너를 빠져나올 때는 앞뒤를 균형 있게 사용해 구동력과 안심감을 양립시킵니다」

"자신을 갖고 운전할 수 있다"는 뜻은 "각 바퀴의 그립에 여유를 부여한다"를 의미한다.

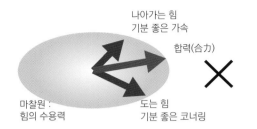

나아가는 힘
기분 좋은 가속

마찰원 :
힘의 수용력

합력(合力)

도는 힘
기분 좋은 코너링

×

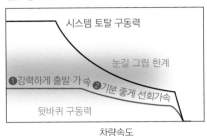

### 필요충분한 뒷바퀴 모터 잠재력

시스템 토탈 구동력

눈길 그립 한계

❶강력하게 출발·가속 ❷기분 좋게 선회가속

뒷바퀴 구동력

구동력

차량속도

## ● 4륜 선회

전륜구동에서는 앞바퀴가 구동력과 회전력(cornering force) 양쪽을 부담하기 때문에 합성G가 마찰원을 초과하기 쉽다. 그래서 선회가속할 때 요구 구동력을 분할해 뒷바퀴로 할당하면 앞바퀴의 합성G가 감소하면서 마찰원에 여유가 생긴다. 이로 인해 언더 스티어가 잘 발생하지 않을 뿐만 아니라, 선회할 때 더 틀어줘도 추종이 가능해진다. 앞뒤 구동력 배분은 가속G뿐만 아니라 선회G에 의한 앞쪽 내륜의 접지하중 감소도 고려한다.

선회할 때는 속도와 조향각도로부터 선회G를 예측해 하중이동을 추정. 롤로 인한 앞쪽 내륜의 하중감소까지 고려해 앞뒤 구동력 배분을 피드포워드 제어. 가속과 선회 양쪽을 합친 G가 마찰원을 벗어나지 않도록 제어한다.

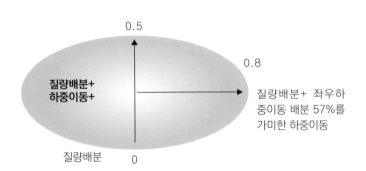

0.5

0.8

질량배분+
하중이동+

질량배분+ 좌우하중이동 배분 57%를 가미한 하중이동

질량배분

0

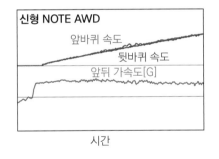

### 신형 NOTE AWD

앞바퀴 속도
뒷바퀴 속도
앞뒤 가속도[G]

시간

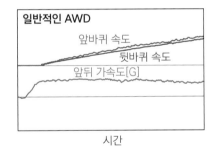

### 일반적인 AWD

앞바퀴 속도
뒷바퀴 속도
앞뒤 가속도[G]

시간

### 20% 경사진 눈길에서의 출발가속

← 기본적으로 피드포워드 제어를 하는 e파워 4WD는 앞뒤바퀴의 회전속도 차이가 거의 똑같지만, 온디맨드 제어를 하는 AWD에서는 항상 앞바퀴가 미끄러지기 쉽다. 가속도 탄력도 e파워 4WD 쪽이 날카롭다.

### 평탄한 눈길에서의 출발가속

↓ 평탄한 눈길에서의 0.3G 출발 거동을 비교한 그래프. 적색이 e파워 4WD, 핑크가 타사 제품의 AWD. 후자가 진로 변화가 크기 때문에 조향을 수정하는 양도 많다.

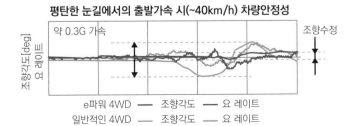

### 평탄한 눈길에서의 출발가속 시(~40km/h) 차량안정성

약 0.3G 가속

조향수정

조향각도[deg]
요 레이트

e파워 4WD —— 조향각도 —— 요 레이트
일반적인 4WD —— 조향각도 —— 요 레이트

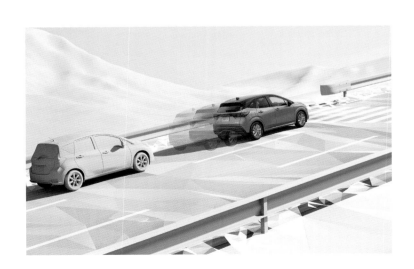

## ● 눈길에서의 움직임

e파워의 특징이라면 액셀러레이터를 오프했을 때 최대 0.15G까지의 감속도를 제어할 수 있는 "원 페달"이다. 뮤가 낮은 도로에서는 이것이 유효하게 기능한다. 미끄러지기 쉬운 눈길의 뮤($\mu$)가 0.2 전후이므로 액셀러레이터만으로 노면 뮤를 거의 다 사용하는 제동이 가능하다. 게다가 유압 브레이크를 통한 ABS제어에서는 잠김과 풀림을 반복하기 때문에 잠길 때는 동(動)마찰로 들어가고 풀릴 때는 제동력이 끊긴다. 그에 반해 회생제동은 연속가변으로 이루어지기 때문에 제동력이 끊기는 순간 없이 상당히 짧은 거리에서 멈출 수 있다.

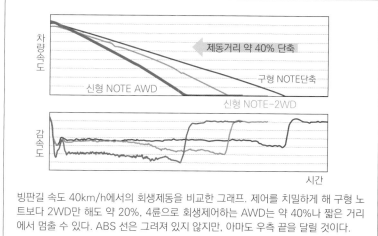

빙판길 속도 40km/h에서의 회생제동을 비교한 그래프. 제어를 치밀하게 해 구형 노트보다 2WD만 해도 약 20%, 4륜으로 회생제어하는 AWD는 약 40%나 짧은 거리에서 멈출 수 있다. ABS 선은 그려져 있지 않지만, 아마도 우측 끝을 달릴 것이다.

이어서 제어내용에 관한 설명을 듣기 전에, 스펙 상에서 한 가지 확인해 둘 것이 있다. 전동 AWD에서 앞서가는 미쓰비시 아웃랜더 PHEV는 "사륜의 마찰원을 다 사용할 수 있는 구동력 배분"으로 앞뒤 모터의 최고출력을 46 : 54로 설정해 뒷바퀴에 더 많이 배분한다. 한편 노트는 63 : 37, 오라는 67 : 33으로, 앞바퀴에 더 많이 배분되도록 설정하고 있다. 이것은 어떤 개념에서 나온 것인가.

「노트와 오라에는 2WD 사양이 있기 때문에 전방 모터 출력은 거기서 정해졌습니다. 반면에 후방 모터 출력은 상당한 고심 끝에 결정했습니다. 예를 들면, 눈길에서 40km/h +0.2G로 정상적으로 선회하다가 조향을 유지한 상태로 가속했을 경우, 가장 안정적인 상태로 계속 선회할 수 있는 후방 모터 스펙은 100Nm/50kW라는 사실을 실험을 통해 얻어냈죠. 그래프에도 있듯이 이보다 후방 모터 출력이 작으면 전방이

먼저 흘러서 언더 스티어가 강해지고, 크면 WOT 때 오버 스티어 경향을 보입니다. 또 마른 도로에서 감속용 장애물(chicane)을 통과할 때도 출구에서 가장 조향각도가 작은 것이 100Nm/50kW 사양이었죠」

그렇다면 그 오버 스티어를 구체적으로 어떻게 제어할까. 먼저 동력성능과 운동성능 영역 쪽 설명을 들었다.

「기본적인 구동력 배분은 앞뒤 중량배분 정도(59 : 41)로 하고 있습니다. 거기서 액셀러레이터를 밟으면 요구 구동력에 의해 발생하는 하중이동을 감안한 배분 차원에서 피드포워드 제어를 하게 되죠. 제어는 0.33G까지 하게 되는데, 그때의 구동력 배분은 52 : 48이 됩니다. 그 이상으로 액셀러레이터를 밟으면 이번에는 전방 배분을 늘리는데, 접지하중에 맞춘 구동력 배분이라기보다 전방에서 끌어당기는 식으로 가속도를 높이는 제어가 이루어집니다」

선회할 때는 어떨까.

「전륜구동은 도는 기능과 가속도 기능이 앞바퀴로 통합되어 있기 때문에 코너링 포스와 구동력으로 마찰원을 다 그리기가 쉽죠. 이것이 4WD가 되면 구동과 제동력을 뒷바퀴에도 부담시킬 수 있기 때문에 앞바퀴의 마찰원에 여유를 줄 수가 있습니다. 스티어링을 돌리면 횡G가 발생해 안쪽바퀴의 접지하중이 감소하고 거기에 맞춰서 마찰원이 작아지기 때문에, 거기서부터는 밖으로 넘어가지 않도록 구동력을 제어합니다. 그 때도 앞쪽을 낮춘 만큼을 나중에 보충해 가속력이 바뀌지 않도록 해주죠」

제어는 슬립이 발생하고 나서 구동력 배분을 바꾸는 피드백이 아니라, 속도나 조향각도 등을 바탕으로 한 피드포워드로 이루어진다.

「롤 강성의 균형 상 선회할 때는 앞뒤바퀴의 접지하중도 바뀌지만, 그것들을 감안한 구동력 배분으로 피드포워드 제어를 합니다. 운전자가 운전하면서 '기분이 좋다'고 느끼는 G는 가속방향으로 0.3G, 선회방향으로 0.5G 정도입니다. 이것을 초과하면 G를 참아낸다는 감각이 들게 되죠. 대부분의 노트 고객은 '기분이 좋다'고 느껴지는 범위에서 달린다고 생각하기 때문에, 그 범위를 커버하는 선에서 제어하고 있습니다. 구체적으로는 가속방향에서 0.35G, 선회방향에서 0.6G 정도가 돼도 언더 스티어 느낌이 전혀 없어서, 액티브 언더 스티어 컨트롤도 개입시키지 않습니다. 노트는 무게가 가볍고 휠베이스도 짧기 때문에 그 정도 영역까지면 브레이크와 협조제어까지 하지 않더라도 (협조제어하는)e포스와 동등한 성능이 제공됩니다」

젖은(wet) 노면에서의 가속원 선회를 비교한 비디오를 보여줬다. 가속방향 0.3G, 선회방향이 0.6G인 선회에서 2WD차는 차량 1.5대분 정도로 선회궤적이 커졌지만 e파워 4WD는 최적의 차선을 유지하면서 돌아나간다.

젖은 노면보다 쉽게 미끄러지는 눈길에서는 요구 구동력(액셀러레이터 페달을 밟는 양)과 바퀴의 회전각 속도 변화로부터 노면의 뮤($\mu$)를 판정, 낮은 뮤 도로 전용 제어로 전환된다.

「낮은 뮤 도로에서는 뒷바퀴가 먼저 슬립하지 않도록 제어합니다. 뒷바퀴가 먼저 슬립하면 요 모멘트가 발생해 수정 조향이 필요하기 때문이죠. 또 앞뒤 바퀴의 회전속도가 거의 차이가 안 나도록 제어함으로써 20% 정도 경사진 눈길에서도 진로가 흔들리지 않고 출발할 수 있습니다」

물론 선회성능도 크게 좋아졌다.

「기존의 노트 e·4WD는 모터출력이 3.5kW/15Nm 정도로 작았기 때문에 속도가 25km/h 정도만 넘으면 FWD같이 바퀴면서 언더 스티어가 커졌습니다. 하지만 e파워 4WD에서는 최고속도 영역까지 후방 모터도 구동하기 때문에 80km/h로 선회하다가 구동력을 더 줘도 이상적인 라인을 유지할 수 있죠」

빙판길 제동성능도 e파워 4WD화를 통해서 크게 높아진 영역이다.

「회생 브레이크의 슬립을 세밀하게 제어해 40km/h부터 액셀러레이터를 오프시켜 감속하면 2WD만 해도 제동거리가 기존의 노트 e·4WD보다 약 20% 단축되었고, e파워 4WD는 그 보다 약 40%나 더 짧게 멈출 수 있습니다. 물론 ABS보다는 훨씬 짧은 거리에서 멈출 수 있습니다. ABS는 유압제어이기 때문에 단속이 생길 수밖에 없지만, 회생 브레이크 같은 경우는 단속없이 제어가 가능하기 때문이죠」

가·감속 때의 피칭 제어에도 구동과 제동력을 사용한다고 하는데, 후방 서스펜션의 지오메트리를 감안하면 가속할 때 구동력을 걸면 스쿼트(squat)가 발생할 것 같고, 감속할 때 회생제동을 하면 피칭이 커질 것으로 생각된다. 그런데 시승을 해봤더니 둘 다 감소되는 듯한 느낌이었다. 이것은 어떤 마술을 부린 것일까.

「사실은 제동할 때 피치 각도 자체는 커집니다. 피치 각도를 억제하려면 앞쪽에서만 회생하는 것이 전방 서스펜션의 앤티다이브 힘이 발휘되어 피칭을 억제할 수 있죠. 하지만 처음에 e파워(2WD)를 내놨을 때, 『e페달(e-PEDAL) 멀미가 난다』는 목소리가 사용자들로부터 들려오면서 피치 각도가 작기만 해서는 안 된다는 것을 깨닫게 된 겁니다. 확실히 뒷바퀴에 회생제동을 주면 리프트 힘이 작용해 피치 각도는 커집니다. 하지만 앞뒤 제동력 배분을 통해 동적인 피치 중심을 운전자의 등 쪽으로 갖고 가면 운전자를 중심으로 피치 거동이 일어나기 때문에 피칭을 잘 느끼지 못하게 되죠. 그 제동력 배분이 6 : 4이기 때문에 제동G는 회생제동 비율과 상관없이 일정합니다」

그렇다면 가속방향은?

「기본적 구동력 배분 비율은 바꾸지 않고 후방 모터의 토크 응답을 전방보다 약간 빨리 하고 있습니다. 앞뒤를 똑같은 타이밍에 토크를 걸면 타이어가 비틀리면서 순간적으로 앞쪽이 가라앉습니다. 그것이 복원되면서 하중이동으로 인한 스쿼트가 발생하기 때문에 피치 거동이 더 크게 느껴지는 것이죠. 뒷바퀴부터 먼저 눌러주면 이것을 억제할 수 있습니다. 순항하다가 가속할 때도 이것이 가능하도록 저속으로 순항할 때도 후방에 구동력을 계속 걸어줍니다」

뒷바퀴로 구동력이 걸리면 타이어가 비틀리면서 내려가게 되지만, 이 타이밍에서는 아직 하중이동에 따른 다운 현상이 발생하지 않는다. 그것이 일어나는 것은 타이어의 변형이 돌아오는 타이밍이 되기 때문에 움직임이 상쇄되면서 스쿼트가 커지지 않고 피치 거동이 작아진 장점만 느끼게 된다는 뜻으로 이해된다. 꽤나 바람직한 포인트를 집은 것 같다.

PROFILE

도가시 히로유키
(Hiroyuki TOGASHI)

닛산자동차 주식회사
고객 퍼포먼스&CAE·
실험기술개발본부
차량성능개발부
조종안정 승차감
성능설계그룹 과장

닛산은 작사(JAXA, 일본 우주항공연구 개발기구)와 공동으로 달 표면 탐사차량(월면로버)의 주행성능 향상을 목적으로 한 연구를 2020년 1월부터 시작, 2021년에 실험차량을 공개하기도 했다. JAXA는 닛산에 무엇을 기대하고 있고, 닛산은 공동연구를 통해 얻은 노하우를 어떻게 살리려는 것일까.

「닛산이 개발하고 있는 전동 4WD "e포스(e-4ORCE)"를 통해 제공하고 싶은 3가지 가치는 ①탑승객 모두에게 쾌적한 승차감, ②탁월한 핸들링 성능, ③노면을 불문한 안심감입니다. 이 가운데 이번 공동개발과 관련된 것은 ③번째 성능입니다. 눈길이나 빗길뿐만 아니라 안심하고 달릴 수 있는 환경을 더 넓히는데 있어서 특히 어려운 모랫길 제어를 구축하고 싶은 것이죠. 모든 사람이 사막을 달리는 것은 아니지만, 가장 어려운 환경에서 달릴 수 있는 제어가 가능하다면 더 많은 상황에서 질 높은 제어가 가능할 겁니다. 한편으로 달 표면은 입자가 매우 작은 "레고리스(regolith)"라고 하는 모래 같은 돌가루로 덮여 있기 때문에 사막처럼 모래에 빠질 위험성이 매우 높죠. 실제로 나사(NASA)가 화성에 보냈던 탐사차량 로버(Rober)가 모래 구덩이에 빠져 움직이지 못하게 되면서 탐사를 단념했던 사례도 있습니다. 아폴로 계획 이후 혹성 탐사는 무인으로 이루어지기 때문에, 모래 구덩이에 빠진다고 해도 그 누구도 도움을 줄 수 없습니다. 때문에 스스로 탈출하는 방법밖에 없죠. 그 점이 달 표면 탐사차량의 과제이자 닛산이 연구하는 것과 일치하는 부분입니다(나카지마)」

또 그것을 어떻게 효율적으로 할 것인지도 공통된 과제라고 한다.

「로켓에 실을 수 있는 무게가 별로 크지 않기 때문에 우주로 에너지를 많이 가져갈 수가 없습니다. 한정된 연료와 태양광으로 보완할 수밖에 없기 때문에 가능한 한 적은 에너지로 주행할 수 있는 성능이 요구되죠.

# e포스가 달에서 달릴 수 있을까?

## JAXA와 닛산의 공동연구

달 표면을 덮고 있는 작은 모래 위를 문제없이 달리려면 어떻게 해야 할까.
그를 위한 기술로 닛산에서는 우주개발기구 공동으로 e포스를 연구하고 있다.
최첨단 연구라고 할 수 있는 이 기술에 관해 기획·선행기술개발 본부 엔지니어에게 들어보았다.

사진 : 안도 마코토   사진 : MFi / 닛산 / JAXA

> **달 표면 탐사 시작차량**
>
> 달 표면(月面)의 주행성능을 확보하려면 어떤 성능이 필요한지를 파악하기 위해서 JAXA가 만든 달 표면 연구기. 닛산은 4WD 제어기술 개발을 담당한다. 현재는 여러 연구기관이 개별적으로 담당분야를 연구하는 단계로, 실제로 달에 보내는 사양을 어디서 제조할지는 아직 미정이다. 지구에서 하는 연구이기 때문에 공기주입 고무 타이어를 사용하지만, 달은 거의 진공상태이기 때문에 실제 기기에서는 다른 사양을 생각할 필요가 있다.

## e포스로 모래 위 환경을 돌파

모래 위를 달리려면 모래의 저항을 이겨낼 수 있는 구동력을 타이어에 실어줄 필요가 있지만, 구동력이 너무 크면 모래를 파고들어 타이어가 빠지면서 저항이 점점 커진다. 다시 그것을 이겨낼 만한 토크를 주면 또 다시 더 빠져들게 되는 악순환으로 이어진다. 그런 악순환에 빠지지 않고 공전량 제어를 할 수 있도록 모래의 움직임을 분석하는 것이 출발점이다. 닛산에서는 시판차량을 바탕으로 실험차량 테스트도 병행하고 있다.

## 모래 위 주행제어 메커니즘

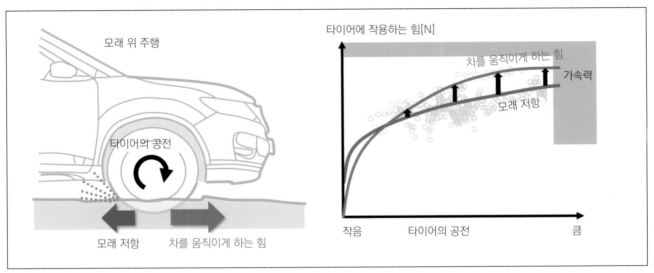

마른 모래는 흩어지기 쉽기 때문에 구동력은 먼저 모래를 흐트러뜨리는 힘으로 빼앗기면서 공전이 선행된다. 공전량이 증가하면 저항과 구동력 관계가 역전되어 결국 자동차가 움직이기 시작한다. 그 관계를 정확하게 구분할 수 있어야 하는 것이 과제이다.

## 제어 유무에 따른 효과

모랫길용 구동력 제어를 적용한 차량의 비교실험. 제어가 없으면 모래를 파고들어 빠져들지만 제어가 있으면 공전하면서도 확실히 움직인다. 지구상에서는 모래가 함유하는 수분이 일정하지 않기 때문에 달보다 완고함(robustness)이 요구된다.

더구나 구덩이에라도 빠졌다가 탈출하는데 많은 에너지를 소비하게 되면 목적지에 도달하기도 힘들 겁니다. 그렇기 때문에 가능한 한 적은 에너지로 신뢰성 높은 구동력 제어를 해야 한다는 점에서도 JAXA와 당사가 추구하는 점이 일치하는 겁니다(나카지마)」

그렇다면 구체적으로 현재 어떤 일을 진행하고 있을까.

「현재는 원리연구 위주로 진행하고 있습니다. 모래는 입자가 매우 작아서 지면 형상이 시시각각 바뀝니다. 제어가 어려운 것은 물론이고 시뮬레이션도 까다롭습니다. 입자 하나하나의 움직임을 계산하는 것도 난이도가 상당히 높기 때문에, 원리원칙을 해명한 상태에서 실제 노면변화를 접목한 시뮬레이션 기술을 개발해야 하는 것이죠. 그렇게 함으로써 제어원칙이 반영되고 실차를 통한 평가가 가능해지는 겁니다. 이런 사이클을 돌아가게 하는 출발점을 JAXA와 공동으로 하고 있는 상황이죠(나카지마)」

이를 위해 JAXA는 부지 내에 실내시험장을 만들고 있다. 모래가 수분을 함유하면 입자의 움직임이 바뀌지만 달에는 비가 내리지 않는다. 더구나 원리원칙을 규명하려면 환경을 안정적으로 유지할 필요가 있기 때문에 날씨 영향을 받지 않는 실내시험장이 필요하기 때문이다.

「구체적인 현상으로 설명하자면, 타이어가 어떻게 작업을 할 수 있느냐가 중요합니다. 모래 위에서는 타이어가 차량을 진행시키는 힘을 발휘하려고 할 때 모래 저항을 받게 되죠. (앞 페이지의)그래프는 타이어 공전량과 구동력의 관계를 나타낸 것입니다. 여기서 알 수 있듯이 공전량이 작은 영역에서는 모래 저항이 자동차를 움직이는 힘보다 크기 때문에 자동차가 움직이지 않지만, 공전량을 크게 하면 자동차를 움직이는 힘

이 커지면서 어느 시점에서 그 관계가 역전되어 자동차가 움직이게 됩니다. 그런데 공전량이 커지면 모래 저항도 커지기 때문에 단순히 공전량만 크게 한다고 해서 끝나는 것은 아닙니다. 적색과 청색 차이가 가장 커지는 부분을 사용하면 자동차를 더 강력하게 움직이게 할 수 있지만, 차이가 적은 부분을 사용하는 편이 불필요한 에너지 소비를 줄이게 됩니다. 이 그래프를 올바로 그릴 수 있고 자신이 어디에 있는지를 파악할 수 있다면, 공전량을 최적의 시점으로 갖고 가는 제어가 가능해집니다. 이런 점은 JAXA의 실험장을 사용한 연구를 통해 알게 된 부분이죠(나카지마)」

달 표면이어서 어려운 점은 어떤 것들이 있을까.

「한 가지는 슬립 판정입니다. 모래에서의 주행은 4륜 모두 슬립한다는 것을 전제로 하기 때문에 바퀴의 회전차이를 이용할 수 없습니다. 실험적으로 한다면 GPS 등과 같은 추가 장치를 사용해 자신의 위치를 파악하고 그 속도와 타이어 회전속도를 비교함으로써 슬립 판정은 할 수 있습니다. 하지만 달에서는 GPS를 사용할 수 없다는 것이 문제이죠. 상세한 것은 설명할 수 없지만 여러 가지 센서를 매칭시켜 가면서 자신 위치나 슬립 양을 추정하는 방법을 찾고 있습니다(이토)」

실제로 달 표면 탐사차량이 완성되는 시기는 언제쯤일까.

「그 부분은 우리 쪽에서 언급할 사안이 아닙니다만, 적어도 몇 년 안 수준은 아닙니다. 지금은 아직 하나의 프로젝트로 개발을 진행하는 단계가 아니라 여러 기술 분야를 복수의 연구기관이나 메이커가 개별적으로 하는 진행하는 단계일 뿐입니다. 그것을 하나로 통합해 나가는 과정은 다음 차원이라고 생각합니다(나카지마)」

「현재는 원리원칙 파악에서 시뮬레이션을 시작하는 단계로 들어왔습니다. 실험과 시뮬레이션을 조율하는 단계까지 왔을 뿐이지, 시뮬레이션의 신뢰성을 확립할 수 있을 때까지 앞으로 몇 년이 걸린다고 예상할 단계는 아닙니다(이토)」

달 표면 탐사차량이 완성되기까지는 아직 요원하지만, 공동연구를 통해 얻은 노하우가 시판차량에 반영되는 것은 그보다 빠를 가능성이 있다. 모래에 대응할 수 있으면 눈이 많이 쌓인 지역에서의 제어도 충분히 가능할 것으로 예상되기 때문에, 대형차의 전동 트랜스액슬에 사용하면 큰 눈으로 움직이지 못하는 상황을 방지할 수 있을지도 모르겠다.

PROFILE

나카지마 도시유키
(Toshiyuki NAKAJIMA)

닛산자동차 주식회사
기획·선행기술 개발본부
선행차량개발부 과장

이토 겐스케
(Kensuke ITO)

닛산자동차 주식회사
기획·선행기술 개발본부
선행차량개발부

마쯔다는 2000년대에 전자제어 다판클러치 방식의 AWD 기술개발에 착수해, 02년의 아텐자에 처음으로 도입했다. 스카이액티브(SKYACTIV) 테크놀로지를 축으로 일괄기획한 제6세대 상품들에서는 전자제어 다판클러치 유닛에 독자적인 제어 알고리즘을 조합한 AWD시스템으로 진화시켜 「i액티브(i-ACTIVE) AWD」로 명명, 12년의 CX-5부터 순차적으로 도입했다. 프로펠러샤프트에 의해 앞뒤 구동축이 기계적으로 연결된 FF 베이스의 AWD는 직진안정성이 뛰어났다. 하지만 언더스티어 경향이 강해서 일반적으로 선회하기 어렵다는 인상을 먼저 떠오르게 했다. 때문에 i액티브 AWD는 스티어링 조작에 맞춰서 후륜 토크를 직접 변화시킴으로써 쉽게 선회하는 기능을 지향했다.

신세대 제품들로 자리매김되는 19년의

# 서스펜션 지오메트리의 조합으로 상체 자세를 적극적으로 제어

▶ 마쯔다　　　MX-30 i액티브 AWD

커플링 장치를 이용하는 마쯔다 AWD는 토션 빔 방식 서스펜션의 지오메트리를 조합해,
뒷바퀴로의 구동력 배분에서 앤티스쿼트 힘을 발생시킴으로써 선회 중인 피치 거동의 안정화를 노린다.

본문 : 세라 코타　사진 : 야마가미 히로야 / 마쯔다

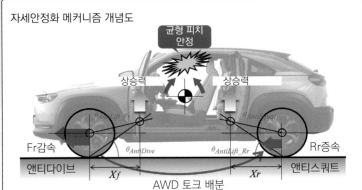

자세안정화 메커니즘 개념도
균형 피치 안정
상승력　상승력
$\theta_{AntiLift\_Fr}$　$\theta_{AntiSquat}$
Fr감속　$\theta_{AntiDive}$　$\theta_{AntiLift\_Rr}$　Rr증속
앤티다이브　Xf　　Xr　앤티스쿼트
AWD 토크 배분

## 평면운동에 롤과 피치를 조합

2019년의 마쯔다 3부터 도입된 신세대 i액티브 AWD는 후륜 토크의 부가로 인한 앤티스쿼트 효과(상승력이 발생)와 앞쪽의 감속에 따라 생기는 앤티다이브 효과(상승력이 발생)로 인해 피치 모멘트가 균형을 이루면서 피치 자세변화를 억제한다. 그 결과 선회 때는 운전자가 느끼는 롤 감각을 완화시킨다.

### 마쯔다 3 이후, 신세대 상품들부터 적용된 본질적 상체 제어 AWD설계 철학

마쯔다 3 이후의 신세대 상품들은 2WD(FF)뿐만 아니라 AWD도 후방에 토션 빔 액슬(TBA) 서스펜션 형식을 채택하고 있다. 구동력 증감에 대한 타이어의 토 각도변화가 작고(토 강성이 뛰어나다), 선회가속 상황에서도 한계거동을 예측하기 쉽다는 점이 선택 이유. 지오메트리는 제동·구동력에 따른 상체제어 관점에서 설정했다.

**후방 트레일링 암의 축 높이가 중요**

**전자제어 커플링은 ITCC를 적용한다.**

CX-30의 좌측 리어 서스펜션을 뒤쪽에서 본 모습(왼쪽). 적색 원 부분이 트레일링 링크의 차체 쪽 연결부위. 휠 센터보다 높은 위치에 설정되어 있기 때문에 구동할 때 안티 스쿼트 효과를 얻을 수 있다. 오른쪽 적색 원 부분은 커플링 장치(전자제어 다판클러치 장치). 제이텍트의 ITCC를 채택. 토크 배분범위 확대와 응답성 및 정확도를 높이기 위해서 앞뒤 구동시스템에 약 1%의 회전차가 발생하는 기어비율을 설정했다.

마쯔다3부터 「신세대 i액티브 AWD」를 도입. 같은 해에 판매된 CX-30에도 적용했다. 진화된 마쯔다의 AWD는 운전자의 조향에 맞춰서 엔진 토크를 제어하고, 4륜의 하중상태를 최적화함으로써 조향응답성을 개선하는 「G-벡터링 컨트롤(GVC)」과의 협조제어를 적용했다는 점이 특징이다.

SUV인 CX-30에는 악로 주파성능을 향상시키는 「오프로드 트랙션 어시스트(Offroad Traction Assist)」를 적용했다. AWD 시스템과 트랙션 컨트롤 시스템(TCS)을 협조시켜 슬립하기 전부터 후륜 토크를 최대화해 4륜의 그립 잠재력을 향상시키는 기능이다. 악로에서도 타이어의 그립을 아낌없이 사용하도록 제어한다. 안전설계 측면에서 근원적 안전설계(Full Proof)를 지향한 것이 아니라 오프로드에서도 온로드와 똑같이, 마쯔다의 자동차제조 철학인 「인마(人馬)일체」의 실현을 지향해 개발했다.

신세대 i액티브 AWD의 진화 포인트는 주행 상황에 따라 변화하는 타이어 마찰원에

턴 인할 때 운전자가 스티어링을 더 돌리는 상황에서는, 쉽게 도는 성능을 우선하기 위해서 GVC의 엔진 토크제어를 통한 전방으로의 하중이동 효과를 우선한다. AWD는 그 순간의 앞뒤 토크배분을 유지. 정상 선회에 도달하는 동안은 차량의 요 모멘트 강도에 맞춰서 뒷바퀴로의 토크배분을 늘리고 앞바퀴의 타이어 횡력 마진을 확보한다. 턴 아웃 상태에서는 전륜 토크를 늘려 나간다. 서스펜션 지오메트리와의 상승효과를 살려서 선회자세를 안정화시킨다는 것이다.

턴 인　　　　　정상 선회　　　　　턴 아웃

맞춰서 앞뒤 토크배분을 제어함으로써 앞뒤 타이어의 부담 균형을 최적화하는 것이다. 선회할 때의 턴 인은 쉽게 도는 성능을 우선하기 때문에, GVC의 엔진 토크 제어에 의한 (전방으로의)하중이동 효과를 우선하고 AWD는 그 순간의 앞뒤 토크배분을 유지한다. 정상적인 선회에 도달할 때까지 요 모멘트 강도에 맞춰서 후륜으로의 토크배분을 늘려 나간다.

「인마일체 느낌은 피치와 롤의 제어에서 만들어집니다. 마쓰다가 신경 쓰는 부분은 상체 쪽 제어이죠」

이렇게 설명해 준 사람은 우메츠 다이스케 씨이다. 선회 중의 피치 거동 안정화는 인마일체감을 실현하는데 있어서 중요한 요소라고 분석해, 신세대 i액티브 AWD에서는 서스펜션 지오메트리와의 상승효과로 안전화를 도모한다. 마쓰다 3와 CX-30은 2WD

뿐만 아니라 AWD도 후방에 토션 빔 액슬(TBA)을 채택했다. AWD 후방까지 TBA를 적용한 것은 세계적으로 봐도 드문 사례이다(유사한 사례로는 혼다 베젤이 있다). 보충하자면 멀티링크 방식 등이 아니라 TBA를 채택한 것은, 구동력 증감에 대한 타이어의 토 각도변화가 적기(토 강성이 높기) 때문에 선회가속 상황에서도 한계거동을 쉽게 예측할 수 있다는 점을 높이 샀기 때문이다.

## 북미사양의 CX-50은
## 커플링 용량을 1.5배로 확대

← 북미전용 SUV인 CX-50의 AWD는 커플링 장치의 용량을 CX-5 대비 1.5배 정도 늘렸다고 한다. 오프로드 주파성능을 높이기 위해서이다. CX-30에서 도입한 오프로드 트랙션 어시스트와 마찬가지로, 「악로에서도 인마일체」라는 콘셉트로 오프로드 주파성능을 최대화했다.

## 히브(Heave)억제를 목적으로 로드스터에 KPC를 도입

안티 리프트 힘

제동력

← 21년 12월에 이루어진 로드스터 상품개량 때는 신기술 「KPC(Kinematic Posture Control)」를 전체모델에 도입했다. 리어 서스펜션의 안티 리프트 특성을 이용. 선회할 때 내외 바퀴의 회전차이에 맞춰서 후방 안쪽바퀴를 약간 제동해 롤을 줄이면서 뜨는 것을 억제함으로써 선회 자세를 더 안정시킨다.

## 차세대 라지상품들은 AWD기술의 모든 것을 적용할까?

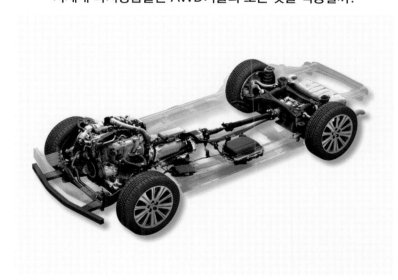

→ 세로배치 파워트레인을 채택하는 차세데 「라지(Large)」플랫폼이 이와 같은 화상으로 공개되었다. 세로배치로 탑재된 변속기 뒷부분에 커플링 유닛이 배치되는 모양이다. 리어 서스펜션은 멀티링크 방식이 되지 않을까 한다. 지금까지의 흐름으로 추정하건데 차량운동을 억제하는 방향으로 하드가 설계될 것이다.

신세대 i액티브 AWD는 TBA의 장착각도를 활용해 후륜 토크의 추가를 통한 안티 스쿼트 효과(차체를 들어올리려는 잭 업 힘이 나온다)로 차체 뒤쪽이 가라앉는 것을 억제한다. 한편 후방으로 토크를 보내면 앞쪽은 감속하기 때문에 안티 다이브 효과(역시나 잭 업 힘이 나온다)가 발생한다. 전방과 후방에서 모두 잭 업 힘이 발생해 피치 모멘트가 균형을 이룸으로써 피치 자세가 안정된다. 즉 피치 강성이 높아진다는 의미로서, 우메츠씨는「제동·구동력을 잘 사용한 상체의 서스펜션 제어」라고 설명한다.

「상체의 자세제어라고 하면 안티 다이브, 안티 스쿼트와 구동력의 균형이 정말로 중요합니다. 후방은 트레일링 축이 휠 센터보다 위에 있으면 안티 스쿼트 힘을 낼 수 있죠. 그 상태에서 후방으로 토크를 배분하면 후방을 들어올리는 잭 업 힘이 나옵니다. 그런 식으로 설계하면 가속할 때나 선회할 때 후방을 들어올리는 자세가 가능하죠」

후방의 트레일링 축을 높이 설정하면 트렁크 룸이나 뒷자리 거주공간에 영향을 주기 때문에 패키징 측면에서 충돌이 생긴다. 그렇다고 트레일링 축을 휠 센터보다 낮은 위치에 설정하면 잭 업 힘을 낼 수가 없어져, 우메츠씨의 말에 따르면 의미가 없게 되는 것이다.

마쯔다가 생각하는 AWD의 역할은 우메츠씨의 설명을 빌리면 다음 3가지로 크게 나눌 수 있다.

- 구동력 배분을 통한 타이어 힘의 관리
- 차동 제한력을 통한 요 감쇠
- 서스펜션 지오메트리와 구동력의 조합을 통한 상체 자세제어

앞서 언급했듯이 마쯔다는 전자제어 다판 클러치 장치를 이용해 AWD를 만든다. 바로 커플링 유닛으로 불리는 기구로서, 이 기구에 의해 앞뒤축이 기계적으로 연결되면서「2」의 차동 제한력을 가질 수 있다. 마쯔다는 그 점을 중요시한다.

「AWD 사용법은 이 3가지 효과를 어떻게 나누어서 사용하느냐에 달려 있습니다. 이것을 모르면 잘 할 수가 없죠. 반대로 말하면 AWD의 가장 큰 3가지 효과를 알고 있을 때는 어떤 장치라도 잘 사용할 수 있겠죠. 가령 모터 AWD에는 앞뒤의 차동 제한력이 없든가 약하죠. 그러면 요 감쇠로 인한 직진안정성을 발휘할 수 없기 때문에 어떤 수단이든지 간에 차동 제한력을 보증할 필요가 있습니다. 그렇게 보면 기계적 차동 제한력이 굉장히 중요하다고 생각합니다」

커플링 장치를 사용한 AWD 같은 경우,「커플링은 어디까지나 LSD(차동제한 장치)」라는 것이 우메츠씨의 생각이다.

「커플링 AWD의 커플링 장치는 온로드에서 LSD밖에 없습니다. 슬립 영역으로 들어가지 않는 한, 즉 타이어의 마찰원 안에서 구동력이 포화되지 않는 한은 그냥 차동제한 시스템에 불과할 뿐이죠. 직진안정성을 만들어내는 차동제한 장치라는 점이 전자제어 다판클러치 장치의 정체라 할 수 있습니다」

어디까지나 클러치이기 때문에 회전 차이가 생기지 않는 한 토크는 전달되지 않는다. 클러치는 빠른 회전에서 느린 회전으로만 토크가 흐르기 때문에 FF베이스의 4WD에서 전방에서 후방으로 토크를 전달하려고 할 경우, 후방 쪽이 느리게 돌 필요가 있다. 그래서 i액티브 AWD는 앞뒤 구동시스템에

약 1%의 회전 차이가 생기는 기어비율을 설정(뒤쪽이 느리다)함으로써, 토크배분 범위 확대와 응답성·정확도를 향상시킨다.

「당사는 그립 영역부터 슬립 영역까지의 깔끔한 연결이나, 하중이 걸린 바퀴에 구동력을 주는 편이 전체적으로 안정된다는 생각 하에 (운전자의 조작이나 G센서 등의 정보로부터) 수직하중을 추정해 (그립 영역이라 하더라도) 거기에 맞춰서 구동력을 배분합니다」

서스펜션 지오메트리와 제동·구동력의 조합을 통해 상체 자세를 철저히 제어하겠다는 것이 마쯔다의 차량운전 제어 콘셉트이다. 하드는 하드적으로 최선을 다하고 제어는 제어적으로 시스템을 만들어 접목하는 것이 아니라, 차량운동 제어의 본질 차원에서 서스펜션이나 AWD 구동시스템을 설계해 시너지를 만드는 것이 마쯔다의 방식이다.

PROFILE

**우메츠 다이스케**
(Daisuke UMETSU)

마쯔다 주식회사
차량개발본부
조종안정성능 개발부 주간

# 커플링을 사용하는 풀타임 AWD
# 구동력과 횡G 확대를 통해 뒤축 토크를 키운다

▶ 토요타　　렉서스 NX350 "F SPORT" Full-Time Electronically Controlled AWD

토요타의 AWD 신세대 제1탄은 렉서스 NX의 터보사양으로 설정되었다.
스바루와의 FR자동차 공동개발이나 GR야리스 개발 같은 프로젝트로부터 얻은
「구동력을 살린 주행성능」의 기술적 성과는 렉서스 풍 브랜드철학 속에서 풀타임 AWD로 귀결되었다.

본문 : 마키노 시게오　사진 : 토요타 / 미즈카와 마사요시　수치 : 토요타 / JTEKT

직진상태에서도 NX350 "F스포츠"는 후방이 25%의 구동력을 담당한다. 완전히 FF가 되는 상황은 ECU가 비상이라고 판단했을 때뿐이다. 그리고 구동력과 횡G가 증가하는 상태에서는 뒤축 토크를 늘린다. 전자제어 커플링 AWD로서는 상당히 도전적인 제어이다.

토요타에서 풀타임 AWD가 부활했다. 예전 「셀리카 GT-Four」는 풀타임 AWD 머신으로 WRC(세계 랠리 선수권)를 정점으로 하는 랠리경기에서 맹활약했다. 그러면서 일본국내에서는 차량 트렁크 룸에 FIA(국제 자동차연맹) 규정승인(Homologation)용 부품이 들어간 상태로 판매되기도 했다. 하지만 근래에는 전자제어 커플링을

사용한 온디맨드 타입의 AWD를, 온로드를 중심으로 하는 시스템으로 사용하는데 머물러 있었다. 조금은 아쉬운 상태가 계속되다가 바람의 방향이 바뀐 것이다.

이번에 토요타는 「렉서스 NX350 "F스포츠"(이하 NX350F로 표기)」에 완전 새로운 2.4ℓ 터보엔진과 아이신 제품의 8단 AT를 적용하는 한편, 여기에 젝트(JTEKT)제품의

전자제어 커플링 장치를 조합했다. 지금까지는 전륜이 미끄러졌을 때처럼 「조건부」로 뒤축에 구동토크를 인가했던 방식의 전자제어 커플링을, 풀타임 AWD가 되도록 작동영역을 확대해 사용하는 것이다. 이밖에도 「NX」에는 2종류의 AWD 시스템이 설정되어 있어서, 1차종에서 3타입의 AWD 라인업을 자랑한다.

## 큰 토크에 대응하는 커플링

JTEKT제품의 전자제어 커플링(ITCC=Intelligent Torque Controlled Coupling) 내부 모습. 가운데 부분이 다판 클러치로, 플레이트와 마찰재가 교대로 겹쳐 있다. 그 뒤쪽이 볼을 사용하는 경사 캠, 맨 마지막이 전자 클러치 식의 배치를 하고 있다. 엔진 출력은 좌측에서 들어오고, 뒤축 토크는 우측으로 출력된다. 다루는 엔진토크에 맞춰서 다판 클러치 개수를 바꿀 수 있을 뿐만 아니라, 전자 코일 설계를 바꾸기만 해도 제어특성이 달라진다.

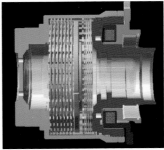

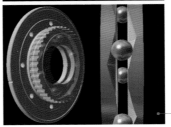

적색으로 표시된 캠의 한 쪽(우측)이 전자석으로 끌려가면 파일럿 클러치에서 마찰력이 발생하고, 그것이 끌리면서 회전. 캠 사이의 회전력차이로 인해 볼이 캠 경사면을 올라가는 형태로 캠을 눌러서 벌리면서 왼쪽 다판 클러치를 압착한다.

전자석에 전류가 흐르지 않는 상태에서는 뒤축으로 토크가 흐르지 않는다. 적색의 캠 2개는 마주한 상태에서 우측이 전자석으로 작동하는 클러치로 인해 회전방향으로 움직이는 컨트롤 캠, 좌측이 다판 클러치를 밀어붙이는 메인 캠이다.

볼 주변의 원주방향으로 난 홈이 캠 부분. 이 원반이 회전해 볼이 캠 홈 속에서 이동하는 거리는 대략 각도로 치면 최대 7~8도 정도로 보인다(공표된 수치는 없다). 전자석만으로는 강한 압착력을 발휘할 수 없지만, 이런 기계 장치를 사용함으로써 다판 클러치를 밀어붙이는 힘(동시에 그 위치를 유지하는 내구력)이 증폭된다.

「애초에 렉서스 브랜드는 구동력을 살린 주행을 적극적으로 하고 싶었습니다. 그 제1탄이 NX인 셈이죠. 이전 LC 때는 『깔끔한 조향』을 지향했었죠. LC 이후, 렉서스의 조향감은 그런 방향을 지향하면서도 보다 특성을 개선해 왔습니다. 다음 단계인 『구동력을 살린 주행 추구』를 위해서죠」

가토 수석 엔지니어의 설명이다. 그리고 또 다른 배경 가운데 하나가 탄소중립(Carborne Neutral)이다.

「C/N로 가는 길이 한 가지는 아닙니다. BEV(Battery Electric Vehicle)뿐만 아니라 HEV(Hybrid Electric Vehicle)이나 FCEV(Fuel Cell Electric Vehicle)까지 포

함해서 다양한 선택지가 있죠. 전동화의 장점이라면 순식간에 구동력을 발휘하기 쉽다는 점, 치밀한 제어를 하기 쉽다는 점입니다. 그런 특성을 살리면 구동력을 중시한 렉서스의 주행성능을 추구할 수 있다고 생각합니다. 그 부분이 전동화 시대의 경쟁영역이기도 하죠. 비록 C/N이라 하더라도 자동차

## T24A-FTS형 엔진

타입 : 직렬4기통 터보
밸브시스템 : DOHC 흡기2/배기2 밸브/
　　　　　　　롤러 로커암 방식
보어×스트로크 : 87.5×99.5mm
압축비 : 11.0
최고출력 : 205kW@6000rpm
최대토크 : 430Nm@1700~3600rpm
연료공급 : 실린더 내 직접분사 & 포트분사
연료사양 : 프리미엄 가솔린

## 다이렉트 시프트 8AT

기존의 6단과 달리 변속비 폭을 8.2로 크게 확대했으면서도 크기는 똑같다. 내부에서는 윤활유 양을 줄이기 위해서, 변속할 때 작동하는 기어를 위한 체결요소에도 간극 관리를 도입할 정도로 치밀하게 관리한다. 동시에 출발할 때 외에는 거의 전체영역에서 토크 컨버터를 록업(직결)으로 사용하기 때문에 변속 감각이 상당히 직접적으로 바뀌었다. 스텝(유단)AT도 아직 계속 진화 중이다.

는 재미있어야 한다고 생각합니다. AWD도 그러기 위한 선택이죠」

가토 수석에 따르면 NX350F는 새로운 파워트레인에, 「GR야리스」에서 개발한 후방 디퍼렌셜과 전동제어 커플링을 사용한 「렉서스다운 맛을 추구한 SUV」라고 한다. 그리고 발언에도 있었듯이, C/N을 고려한 차원에서 전기모터를 사용하는 방식의 AWD도 개발한다고 봐도 될 것이다. 그런데 토요타가 풀타임 AWD를 다시 개발하겠다는 의사결정은 언제쯤 이루어졌을까.

「이 2세대 NX 상품을 기획하던 초기부터 생각했죠. 배경 가운데 하나는 스바루와의 협업 속에서 스바루가 자랑하는 AWD 개념을 당사도 공유하기 시작했던 점을 들 수 있습니다. 풀타임 AWD를 상품화하려던 타이밍과 마친 NX 개발이 겹쳤던 것이죠. 새로운 2.4ℓ 터보는 NX에 탑재할 생각이었기

때문에, 이 엔진과 풀타임 AWD 시스템을 탑재하기 위해서 플랫폼도 개량했습니다」

또 한 가지 배경은 「GR야리스」의 개발이었다. 「GR야리스」는 앞뒤축 사이에 약간의 회전속도 차이를 줌으로써, 「토크는 회전이 빠른 쪽에서 느린 쪽으로 흐른다」는 원리를 이용한 포장로 위주의 핸들링 머신으로 만들어졌다. 그 「GR야리스」를 개발한 멤버가 스바루하고도 같이 협업하면서 NX350F 개발에 참가했다고 한다.

「당시에 GR야리스도 개발 중이었습니다. 센터 디퍼렌셜이 아니라 전동제어 커플링 AWD로 운전자가 의도한 대로 구동력을 변화시키려면 디퍼렌셜 결합과 커플링 응답성이 중요한데, 어떻게 제어해야 좋은지는 감(感)까지 포함해서 개발초기 때 검토했습니다. NX350F의 개발을 그와 병행했죠」

커플링 자체는 다판식 클러치방식으로,

크기를 포함해서 GR야리스와 똑같다고 한다. 다만 2.4ℓ 터보의 토크게 맞춰서 클러치 개수를 늘렸다. 다판 클러치를 완전히 압착시키면 직결AWD가 되고, 완전히 분리하면 FF가 된다. 풀타임 AWD로 사용한다는 것은 항상 이 커플링 장치가 「반클러치 상태」에서 미끄러진다는 것을 의미한다. 때문에 내구성 걱정이 들 수밖에….

「커플링의 기본구성은 기존에 있던 것이지만, 렉서스 주행성능이 갖는 의미 차원에서는 응답성을 더 향상시키고 싶었기 때문에 JTEKT 측으로부터 다양한 아이디어를 제안 받았습니다. 이번에는 볼 컴(Ball Cam)의 경사각을 바꾼 것도 그 가운데 한 가지이죠. 또 다판 클러치의 디스크 개수를 늘리면 응답성이 약간 나빠지기 때문에, 그렇게 되지 않도록 클러치 디스크 강성도 높이고 마찰재(클러치 페이싱)도 바꿨습니다.

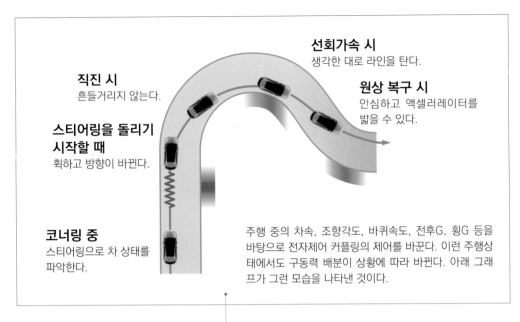

**직진 시**
흔들거리지 않는다.

**선회가속 시**
생각한 대로 라인을 탄다.

**스티어링을 돌리기 시작할 때**
휙하고 방향이 바뀐다.

**원상 복구 시**
안심하고 액셀러레이터를 밟을 수 있다.

**코너링 중**
스티어링으로 차 상태를 파악한다.

주행 중의 차속, 조향각도, 바퀴속도, 전후G, 횡G 등을 바탕으로 전자제어 커플링의 제어를 바꾼다. 이런 주행상 태에서도 구동력 배분이 상황에 따라 바뀐다. 아래 그래 프가 그런 모습을 나타낸 것이다.

## ← 조향과 구동의 협업

운전자가 액셀러레이터 페달을 약간이라도 밟고 있 는 한 반드시 AWD로 있는다. 감속~코너 진입에서 는 스티어링에 의한 횡G 발생을 방해하지 않고, 코너 도중에는 안정적으로 돈다. 또 코너를 탈출할 때는 뒷바퀴 토크를 늘려 앞바퀴 부하를 줄이는 식으로 스 티어링 효능을 확보함으로써 부드럽게 가속할 수 있 는 맛을 내도록 했다. 앞75 : 뒤25의 기본 토크배분 은 이런 운전자 감각을 얻기 위한 배분이다.

## ↓ 새로 설계된 후방 서스펜션

기존의 GA-K 플랫폼용 후방 서스펜션과 달리 링 크 구조가 새로워졌다. 풀타임 AWD 사양에는 감쇠 력 가변댐퍼인 AVS가 전용튜닝으로 사용된다. 직 진·선회·가속·감속 같이 보통 상태에서는 기본적으로 AWD이기 때문에, 댐퍼 감쇠력도 구동력 배분을 의 식한다. PHEV 사양과는 감쇠력 상태를 달리 했다.

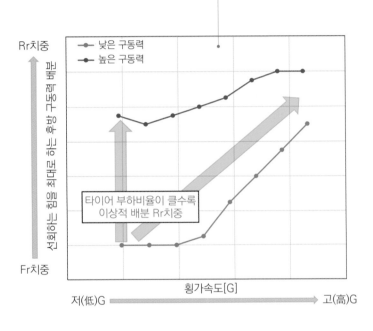

Rr치중

- 낮은 구동력
- 높은 구동력

선회하는 힘을 좌우하는 후방 구동력 배분

타이어 부하비율이 클수록 이상적 배분 Rr치중

Fr치중

횡가속도[G]

저(低)G → 고(高)G

---

이건 JTEKT의 노하우입니다」

한편으로 커플링 제어도 GR야리스와는 다르다고 한다.

「응답성이 높은 커플링이라 제어할 수 있 는 폭이 넓습니다. 그래서 명령값을 주행상 황에 맞춰서 바꿉니다. 빠른 응답이 필요할 때는 빠르게, 그렇게까지 필요 없을 때는 명 령값 자체를 완만하게 변화시키는 식으로 대응하는 것이죠」

다판 클러치 체결은 48페이지 상단 그림 을 참고하기 바란다. 뒤축으로 배분되는 토 크를 지시하는 명령이 전자석 방식 클러치 (JTEKT는 컨트롤 클러치라고 부른다)에 입 력되면, 그 전자석이 볼 캠 기구를 끌어당겨 그 기구 안에서 볼이 경사 캠의 「어떤 위치 에 있느냐」에 따라 다판 클러치의 압착 정 도가 바뀐다. 전자 클러치의 압착력을 증폭 시키는 역할을 볼 캠이 담당한다. 전기신호 →자력발생→캠이 열리고→볼 위치가 바뀌 는 식의 흐름인 것이다. 토요타와 JTEKT는 볼이 이동하는 캠 면의 경사각을 검토해 뒷 바퀴에 상시적으로 토크가 흐르는 사용방식 에 대응했다.

「다판 클러치는 속도를 우선하는 명령을 내보내면 순식간에 압착시킬 수도 있고, 엔 진에서 오는 입력토크가 완만히 바뀔 경우 에는 거기에 맞춰서 완만하게 체결시킬 수 도 있죠. 급출발 같은 작동에도 대응합니다. 그건 운전자의 액셀러레이터 컨트롤에 달려 있죠」

그렇다면 앞뒤축 토크 배분은 어느 정도일까. 전동제어 커플링은 입력 엔진 토크뿐만 아니라, 노면에서의 반력도 영향을 받는다. 순간적으로 타이어 그립이 클러치 압착력보다 높을 때는 타이어 쪽에서 강제적으로 미끄러지게 한다. 이전의 전자제어 커플링에서는 이 부분이 어려웠다.

「기본적인 생각은 트랙션 성능이나 선회 성능을 향상시키기 위해서 하중에 맞게 배분하는 겁니다. 공표된 수치는 앞75 : 뒤 25~50 : 50입니다. 상시 하중에 맞게 배분하는 제어가 앞뒤G나 횡G가 높은 상황에서는 괜찮지만, 일상영역에서의 조향에서 렉서스다운 깔끔한 조향감이 안 나오는, 즉 AWD가 약간 방해하는 부분이 있기 때문에 렉서스다움까지 중시한 구동력배분(뒷바퀴를 줄인다)으로 하고 있습니다. 스로틀을 되돌릴 때나 구동력이 작을 때는 풀 토크처럼, 최소한 이 이상은 떨어지지 않도록 하는 토크를 주는 것이죠. 그럴 때는 75 : 25에서 벗어나는 경우도 있습니다. 운전자가 액셀러레이터 페달을 밟고 있는 상태에서는 원칙적으로 후륜으로 가는 토크를 끊지 않습니다. 액셀러레이터를 오프할 때도 이니셜 토크에서 최소한 이 정도는 커플링 클러치를 잡기 힘들만한 토크 값을 흘리죠」

이런 제어는 파워트레인이나 섀시부대를 포함해서, 어쨌든 제어를 바꿔가면서 달려보고 목적한 부분을 찾아가는 식의 실험을 통해 완성되었다고 한다. 구동력 배분으로 인해 차량자세가 바뀌기 때문에 댐퍼도 AWD전용이다. 다판 클러치 제어에는 속도와 조향각도, 요 레이트, 4륜의 바퀴속도, 가속도(전후G·횡G), 액셀러레이터 개도, 브레이크 신호 등을 파라미터로 사용한다.

「센서 종류는 VSC(Vehicle Stability Control)와 공유하지만, 명령 값은 AWD용 ECU에서 빼냅니다. 한계부근에서 VSC가 브레이크에 개입할 때는 차량거동이 급변하지 않도록 VSC의 요구에 맞춰서 거동 토크를 제어하죠. 그렇다 하더라도 진짜 응급상황 외에는 후방에도 토크가 걸려 있습니다. 이것이 자동차에 대한 안정감·안심감으로 연결된다고 생각합니다」

기존에 토요타의 커플링 방식 AWD는 직진할 때는 연비를 우선해 FF로 움직였다. 같은 NX에서도 NX250이 그렇게 하고 있다. NX350F는 액셀러레이터를 오프했을 때도 최소한의 이니셜 토크는 후방에 갖게 한다. 운전자가 액셀러레이터를 밟으면 반드시 25% 이상의 토크가 걸리도록 제어하는 것이다.

「우리도 고민했죠. 속마음을 말씀드리자면, AWD다운 성능을 내려고 생각했다면 상시 55~45% 정도 범위에서 움직이게 하는 편이 좋습니다. 하지만 때때로 AWD가 푸시 언더(Push Under)라고 해야 할까, 조향과 다투는 부분이 있습니다. 렉서스가 중시하는 것은 조향할 때의 깔끔한 맛이라, 이 부분을 커버하면서 구동력을 살린 주행 성능을 지향했습니다. 구동과 조향의 균형을 다양하게 시도해보고 마지막으로 정한 것이 앞75 : 뒤25였던 겁니다. NX에서는 이 균형으로 코너에 진입했을 때의 조향과 후방 구동과의 균형이 가장 좋다고 생각했던 것이죠」

이것이 토요타의 제1호 신세대 AWD이다. 취재를 진행하면서 NX에서는 일부러 「여기서 멈췄다」든가, 관련기술 개발이 발전해 만반의 준비가 갖춰졌을 때 하고 싶어 한다는 인상을 받았다. 앞으로 토요타의 풀타임 AWD는 확실히 많아질 것이다. 그렇게 멀지 않은 시기에 앞뒤 독립모터를 갖춘 풀타임 AWD BEV가 등장하리라 확신한다.

**PROFILE**

**안도 고지**
(Koji ANDO)

토요타자동차 주식회사
렉서스 인터내셔널
렉서스 파워트레인 성능개발부
주간

**가토 다카아키**
(Takeaki KATO)

토요타자동차 주식회사
렉서스 인터내셔널
상품기획 수석 엔지니어

# 디퍼렌셜도 프로펠러샤프트도 없는 새로운 AWD기술에 대한 도전

## 전동 AWD로 모터스포츠를 지향하는 STI E-RA콘셉트

도쿄 오토살롱 2022의 스바루 부스에서 공개된 레이싱 EV, STI E_RA 콘셉트 카.
뉘르부르크링 어택에 관한 화제도 그렇지만, 그 이상으로 흥미로운 점이 풀타임 전동으로 제어되는 4모터 AWD 시스템이다.

본문 : 다카하시 잇페이  사진 : 스바루 / 야마하 / VW / 다임러 / MFi

스바루가 도쿄 오토살로 2022에서 선보인 2도어 2시터 쿠페, SIT E-RA. FIA가 추진 중인 전동GT 카테고리 참전을 목표로 개발하고 있는 레이싱 EV이다. 스바루는 동사 최초의 시판 BEV 솔테라를 2022년 5월부터 판매하고 있다. 솔테라에 탑재되는 전동 AWD 기술과의 관련성이 주목 받고 있지만, 레이싱 머신인데다가 E-RA 프로젝트는 STI 독자적으로 추진하는 것이어서 제어 등

의 핵심부분은 전혀 다르다고 한다.

어쨌든 2모터인 솔테라와 달리 E-RA는 4모터에, 앞뒤 액슬 사이에 프로펠러샤프트가 없을 뿐만 아니라 디퍼렌셜 기어조차도 없다. 4륜 전부를 독립적으로 제어할 수 있기 때문에 제어 폭이 넓다는 측면에서는 어떤 의미로 최상의 형태이지만, 시점을 달리하면 기계적 연결이 만들어냈던 작용 전부를 소프트웨어가 책임져야 한다는 의미이기

도 하다. 사실 그것들(프로펠러샤프트 등의 기계적 연결)은 지금까지 스바루가 힘써온 AWD의 최대 장점, 즉 주행안정성을 뒷받침해 주는 토대 같은 요소들이다. 이것이 흥미로운 도전에 나선다는 사실은 분명한 것 같다.

「4모터이기는 하지만 인 휠 모터는 아닙니다. 4륜 토크 벡터링을 전제로 전후좌우 바퀴가 완전히 분리된 상태이죠. 4륜의 구

## 강력한 파워를 엿볼 수 있는 덕트

루프 위에 위치한 거대한 에어덕트나 보닛의 덕트 사이로 보이는 라디에이터 등, 정성들인 냉각대책이 눈길을 끈다. 에너지 효율이 뛰어난 EV라 하더라도 800kW나 되는 강력한 파워를 다루게 되면, 몇 백 kW의 손실과 그에 따른 열처리가 필수. 제어온도가 낮은데다가 엄격한 관리가 요구되는 배터리 냉각도 중요하다.

## 전동 파워트레인은 야마하 제품의 모터를 사용

파워트레인은 모든 휠을 독립적으로 제어하는 4모터 전동AWD. 위 일러스트와 우측 사진은 1기당 최고출력이 350kW나 되는 야마하의 하이퍼 EV용 모터 유닛으로, STI E-RA에는 이것을 바탕으로 한 다른 유닛이 탑재된다. 모터는 자계에 영구자석을 이용하는 교류동기 타입. 최고출력은 1기당 200kW, 4기 합계 800kW나 된다.

## 목표는 FIA가 개최 예정인 전동GT 선수권

STI E-RA 콘셉트의 목표는 FIA가 지금까지의 그룹 GT3 규정을 바탕으로 레귤레이션을 책정 중인 전동차 카테고리. 2도어 쿠페 디자인은 그 때문이다. 폭스바겐 ID.R(왼쪽 사진)이나 포뮬러E(오른쪽 사진)같은 싱글 시터 머신과는 종류가 다르다. 400초의 뉘르부르크링 목표 랩 타입은 전동 GT카 최고속인 NIO EP9의 6분 45초 900=405.9초를 능가하는(빠른) 수치이다.

동력을 상시 감시하면서 목표로 하는 요 레이트가 되도록 구동력 배분을 통제하는 제어기술을 개발했습니다. 그 목표는 운전자가 위화감을 느끼지 않고 의도한 대로 자동차를 조종할 수 있는 제어를 말합니다. 4륜 토크 벡터링의 장점을 최대로 끌어낼 수 있다면, 주행성능이나 차량안정성 모두 지금까지와는 다른 차원의 성능을 기대할 수 있을 겁니다」(STI 모리씨)

이때 "상시 감시"에 관해 센서 정보를 바탕으로 보정제어하는 피드백 제어를 상상할지도 모르지만, 이런 폐회로(Closed Loop) 루프 피드백분만 아니라 개회로(Open Loop)의 모델제어까지 조합되는, 상당히 복잡하고 대규모 제어라고 생각해도 된다. 디퍼렌셜 같은 기계로부터 타임 랙 없이 만들어졌던 작용을 소프트웨어로 대체하기 위해서는, 이벤트를 검출해 추격하는 식으로 제어하는 피드백에서는 위화감을 억제하기 힘들다. 프로펠러샤프트나 센터 디퍼렌셜도

그렇고, 이런 부분에는 아마도 모델제어가 이용될 것이다.

### PROFILE

**모리 히로시**
(Hiroshi MORI)

스바루 테크니카 인터내셔널
신규사업추진실 부장
겸 설계정보관리실 부장

## CHAPTER 3

# Vehicle Dynamics & Control
## 차량 자세제어란 무엇인가?

본문 : 다카하시 잇페이　사진 : 야마가미 히로야 / 닛산　취재협력 : 가나가와공과대학

## 구동력으로 차량자세를 제어하는 시험

전자제어 커플링의 마쯔다 MX-30과 전후 독립모터의 닛산 노트 e파워.

최신 차량운동 제어기술을 알아보기 위해서 가나가와(神奈川)공과대학의 야마카도 교수가 운전하는 최신세대 AWD 모델 2대에 동승해 보았다.

양쪽에 공통되는 점은 "상체", 즉 스프링 위에 해당하는 보디의 움직임을 제어한다는 점이다.

[ 전자제어 커플링 ]

MAZDA MX-30 4WD
앞뒤 중량배분 60:40

[ 전후 독립모터 ]

NISSAN NOTE e-POWER 4WD
앞뒤 중량배분 58:42

## "상체"가 거의 흔들리지 않는 빙판길 주행에서 느껴지는 것

← 2022년 1월 하순, 나가노현 메가미호수(女神湖)에서 개최된 닛산의 시승회「NISSAN Intelligent Winter Drive」모습. 뮤($\mu$)=0.1 정도에 불과한 빙판길 주행에서는 가감속에 의한 "상체"의 움직임이 거의 일어나지 않기 때문에, 노트 e파워 AWD의 피칭 컨트롤은 거의 없다시피 한 상태였다. 오히려 앞뒤로 독립된 파워트레인을 가진 이 차의 특징을 체험한다는 의미에서 귀중한 경험이었다.

↑ 노트 e파워 AWD의 후방 액슬을 구동하는 MM48형 모터. 앞뒤 액슬 사이에 기계적 연결이 전혀 없기 때문에 서로 간 영향을 받지 않고 자유롭게 구동력을 제어할 수 있다. 고응답·고정확도로 구동제어가 가능한 모터 특징을 최대한 끌어내면서, 앞뒤 구동력을 고도로 연결시킴으로써 상체 거동을 통제한다.

↑ MX-30의 후방 액슬 주변. 전방에서 전달된 토크를 리어 디퍼렌셜 앞쪽의 전자제어 커플링(제이텍트의 ITCC)에서 뒤쪽으로 할당한다. 앞뒤 파이널 기어 비율에 1% 정도의 차이를 둠으로써(앞쪽이 길다) 뒤쪽으로 더 많은 토크가 흐르도록 되어 있다. 이것을 GVC에도 이용. 프로펠러샤프트의 존재는 직진성에도 유리하게 작용한다.

「아주 잘 만들어졌네요. 스티어링 조작에 대한 반응도 마쯔다 GVC하고 비슷한 느낌이고, 아주 좋습니다」

닛산 노트 e파워 AWD의 스티어링을 잡은 야마카도 교수는 이렇게 말하면서 차체를 좌우로 흔들어 보였다. 스티어링 조작과

동시에 앞쪽이 약간 가라앉고, 앞이 내려간 자세에서 롤이 생기는 느낌이 조수석에 동승한 필자에게도 전달되었다. 소위 말하는 "대각 롤(Diagonal Roll)"이다.

야마카도 교수는 이 차를 처음 타지만 필자는 이것이 2번째 시승. 앞뒤 모터의 협조

제어를 통해 피칭 거동을 자연스럽게 억제하는 기술 등이 이 차의 2WD 모델보다 더 고품질의 승차감을 느끼게 해주는 등, 전에도 좋은 느낌을 받았었다. 하지만 이 "제어된 대각 롤"까지는 느끼지 못했다. 스티어링이 기분 좋게 반응하는, 잘 만들어진 서

스펜션 같은 인상이었다. 요는 그만큼 자연스러워 제어의 존재를 느끼지 않게 해주었던 것이다.

이번 시승에서는 비교 대상으로 또 한 대, 마쯔다의 MX-30을 준비했다. 2.0ℓ 가솔린 엔진을 탑재하는 AWD모델이다. 두 차량 다 똑같이 AWD에다가, 구동력 제어로 차량자세를 제어해 승차감 향상을 지향한다는 점도 비슷하다. 하지만 앞뒤 액슬 각각을 전기모터로 독립 구동하는 노트와 달리, MX-30은 전방에 탑재하는 엔진 동력을 프로펠러샤프트로 후방으로 전달한다는 점이 가장 큰 차이이다.

MX-30에 탑재되는 구동력 제어 GVC(G Vectoring Control)가 야마카도 교수와 공동으로 개발되었다는 사실은 널리 알려진 바 있다. 이에 관해서는 다음 페이지 이후에서 살펴보겠지만, 이 차와 노트를 비교 시승하면서 흥미로웠던 점은 MX-30의 GVC가 꽤나 잘 만들어졌다는 사실이다.

이렇게만 들어서는 "뭘 새삼스럽게"하고 생각할지도 모른다. 반복하는 느낌도 들지만, 비교대상인 노트가 모터구동이라는 점이다. 일반적으로 제어응답성에서 엔진보다 훨씬 위라는 모터구동의 노트와 기본적으로 엔진으로 달리는 MX-30이 구동제어라는 부분에서 같은 무대 위에 서있다는 것은 대단한 일이라고 생각한다. 게다가 노트 구동제어보다 떨어지는 것이 아니라 우위로 느껴지는 부분도 적지 않았다.

물론 MX-30이 크로스오버라는 형태이기 때문에 승차감에서 유리하다는 점도 있어서 단순히 어느 쪽이 낫다고는 할 수 없다. 한편 노트도 AWD의 직진성을 뒷받침하는 요소인 프로펠러샤프트가 없음에도 불구하고, 두 말할 필요가 없는 수준의 직진성이 확보되었다는 점 등, 놀랄만한 점이 많은 것 또한 사실이다. 이번 시승에 앞서 야마카도 교수와 함께 참가한 닛산의 빙상시승회에서는 앞뒤 독립구동이 갖고 있는 특유의 장점도

체험할 수 있었다.

GVC를 잘 아는 야마카도 교수에 따르면 MX-30은 구동력 제어를 자세 통제에 따라 유효하게 살릴 수 있도록, GVC제어를 바탕으로 서스펜션 지오메트리를 설정한 것이 큰 효과를 보고 있다고 한다.

# 차량 운동역학의 업데이트와
# 구동력을 통한 차량 자세제어

## Vehicle Dynamics Special Session

**야마카도 마코토** 교수
(Dr. Makoto YAMAKADO)

가나가와공과대학 창조공학부
자동차시스템 개발공학과

상당히 뛰어난 응답성을 갖고 제어가 가능한 모터를 구동에 이용하면,
차량의 운동제어 폭이 대폭 넓어진다…. 예전부터 이야기됐던 것이지만
그것이 실현된 현재는 새로운 시점이 필요해졌다. 차량자세이다.

**아베 마사토** 명예교수
(Dr. Masato ABE)

가나가와공과대학 창조공학부
자동차시스템 개발공학과

「오일러 각(Euler Angles)을 도입해 운동방정식을 정확히 나타낸 것은 최근 들어서 입니다. 우리는 이것은 Ver.3-A라고 부르죠」

자신이 참여한 차량운동 방정식을 거론하면서 가나가와공과대학의 아베 명예교수는 이렇게 말했다. 그것은 문외한인 필자 입장에서 의아스럽게 느껴졌다.

오일러 각은 물체(이 경우는 자동차의 스프링 위에 해당하는 보디)의 자세를 표기할 때 이용하는 방법이다. 사실 차량 운동을 다루는 차량 운동역학(Vehicle Dynamics) 분야에서는 스프링 상부의 3차원적 운동이 계산에 포함되지 않은 상태에서, 2차원 평면 운동만 주로 계산하는 시대가 계속 이어져왔다. 운동방정식의 기초인 뉴튼 역학은 고등학교 물리에서도 대부분을 포괄하는, 완성된 영역 가운데 하나이다. 그리고 가·감속에 따른 자세변화와 하중이동이 차량운동에도 깊이 관련한다는 사실은 전문가가 아니더라도 대부분의 운전자가 경험을 통해서 알고 있다. 그런데 거기에 "미완"(미연결이라고 해야 할까)의 부분이 있으리라고는….

「그 정도로 복잡한 겁니다. 특히 4WD는 계산 항목이 방대하기 때문에 직감만으로 운동방정식을 세우다 보면 무심코 지나가는 항목이 아무래도 나오게 되죠. 그런 의미에서는 인간의 능력을 넘어선다고 해도 될 겁니다. 적어도 제 능력에서는 슬슬 한계입니다 (웃음)」

아베 교수에 따르면, Ver.3-A 같이 방대한 운동방정식으로 이루어지는 복잡한 계산이 고성능 소형컴퓨터 환경에서 실시간으로 스트레스 없이 진행된 것은 2000년대 이후라고 한다. MATLAB 시뮬링크(Simulink) 같은 분석 툴(소프트웨어)과 뛰어난 연산능력을 갖춘 반도체소자의 등장에 힘입은바 크다고 한다. 물론 스프링 상부에서 일어나는 자세변화와 하중이동이 차량운동에 영향을 끼친다는 사실은 아베 교수도 예전서부터 인식하고 있었다. 이것을 운동방정식으로 담아내는 것도 90년대 초에는 이미 구상이 끝났지만, 실제로 툴로 사용하면서 실현상태와의 정합성을 검증할 수 있게 된 것은 근래에 들어와서라는 것이다. 검증에 있어서는 미세한 수준의 가속도 변화까지 고응답에 고정확도(고분해능)로 파악할 수 있는 MEMS(Micro Electro Mechanical Systems)기술을 이용한 가속도계 등, 센서와 계측기술의 발전이 순풍으로 작용했을 것이다.

## 4륜의 구동력을 자유자재로 제어해 서스펜션 지오메트리와 차량자세의 관계를 해명

가나가와공과대학이 NTN과 협력해서 제작한 4륜 인 휠 모터 실험차량으로, 목적은 차량의 운동제어가 가능한지를 검증하는 것. 구동으로 인한 잭 업 & 스쿼트 효과가 크게 나타나는 인 휠 모터의 특성을 살려서, 차량자세 변화에 있어서 구동과 서스펜션 지오메트리의 관계를 파악하기 위해서 로어 암에 장착 위치를 선택하는 기구(위 사진)가 설치되어 있다.

## 4륜에 걸리는 힘의 방향과 스프링 상부의 자세 및 거동의 관계

그림은 휠에 대해 앞뒤로 작용하는 힘과 스프링 상부(상체/보디)의 관계, 아래 그림은 횡력과의 관계를 나타낸 것. 위아래 모두 휠 안쪽으로 그려진 작은 원은 서스펜션의 장착지점을 나타낸다. 앞뒤방향으로 작용하는 힘은 엔진이나 모터에 의한 구동력 그리고 브레이크에 의한 제동력이 불러온다. 하지만 상체 쪽에 탑재되는 인보드인지, 서스펜션 쪽에 탑재되는 아웃보드인지 하는 배치 차이에 따라 입력점이 바뀐다. 횡력에 대해 입력점은 모두 타이어 접지면이지만, 인 쪽과 아웃 쪽의 움직임이 달라진다.

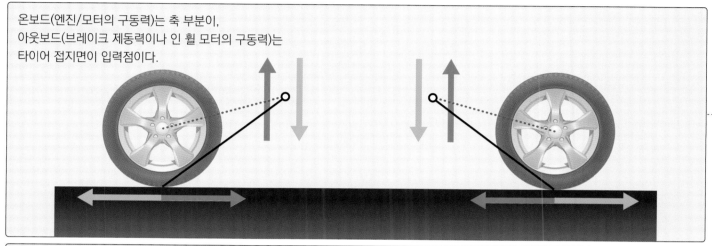

온보드(엔진/모터의 구동력)는 축 부분이,
아웃보드(브레이크 제동력이나 인 휠 모터의 구동력)는
타이어 접지면이 입력점이다.

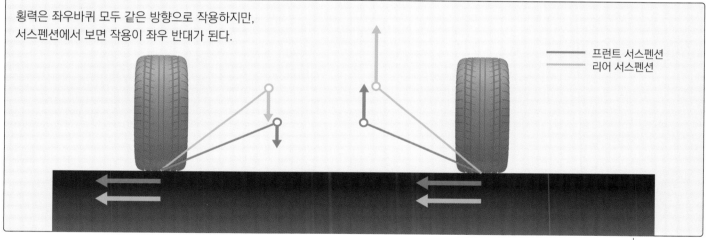

횡력은 좌우바퀴 모두 같은 방향으로 작용하지만,
서스펜션에서 보면 작용이 좌우 반대가 된다.

— 프런트 서스펜션
— 리어 서스펜션

왼쪽 사진은 제어가 없는 1G 상태. 오른쪽 사진은 차량 좌측(사진에서는 우측방향)의 앞뒤바퀴와 마주하는 방향으로 힘을 가해 (차량 좌측) 힙 업, 반대쪽 앞뒤바퀴를 분리하는 방향으로 힘을 걸어 힙 다운시킴으로써 롤시킨 상태(사진 왼쪽 방향으로 0.6도 기울어 있다). 전후좌우에 가속도가 발생하지 않는 정지상태에서의 재현은 4륜의 구동력을 개별적으로 제어할 수 있는 4륜 인 휠 모터이기 때문에 가능한 실험이다.

기억해 보면 80년대 후반부터 90년대에 걸쳐 만개한 전자제어 바탕의 AWD나 4WS 기술은 전부 다 2차원적 시점에서 운동성능을 파악하는 것이었다. 닛산의 제2세대 스카이라인 GT-R에 탑재되었던 아테

자 E-TS나 슈퍼 하이카스(HICAS, HIgh Capacity Actively controlled System)도 그렇고, 미쓰비시 랜서 에볼루션에 채택되었던 AWD 시스템이나 AYC(Active Yaw Control)도 마찬가지이다. 전자와는 운동

성능이나 조종안정성 향상 및 안전성 확보라는 목적의 차이 정도이지, 타이어를 마찰원 안쪽으로 넣으면서 목표로 하는 진로에서 크게 벗어나는 것을 방지하는 수단은 같다고 해도 좋다. 마찰원의 테두리 부분 "한

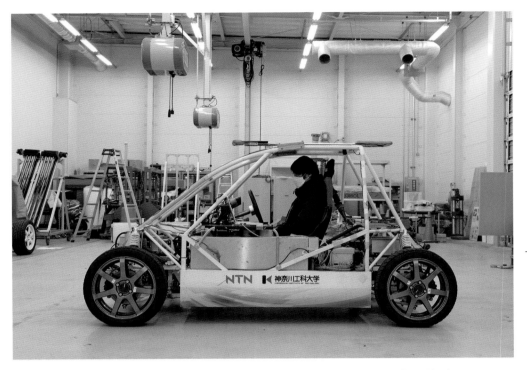

힙 업

고정상태

힙 다운

앞 페이지 아래쪽 사진의 힙 업/힙 다운을 좌우 같은 조건으로 동시에 하면, 차고의 업다운도 가능하다. 사이드 실 전방에 위치한 자의 눈금을 보면 차고의 최고, 최저 차이가 15mm 정도 난다는 것을 알 수 있다. 주행상태라면 근래 자동차에 표준으로 자리하고 있는 브레이크의 4륜 독립제어에서도 이에 가까운 효과를 끌어낼 수 있다.

## 아베 명예교수의 운동방정식

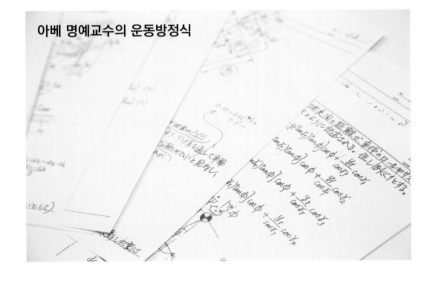

아베 마사토 명예교수가 차량운동을 뉴튼 역학에 기초한 운동방정식을 이용해 풀이한 것. "상체"의 3차원적 운동과 그에 따른 하중이동까지 고려했다. 몇 십 페이지에 이르는 방대한 수식들이 계속 이어져 보기만 해도 매우 복잡하다. 차량 운동이라는 물리현상을 숫자로 표현한 이 운동방정식은 근래 화제로 거론될 때가 많은 "모델" 그 자체로서, 가나가와공과대학의 드라이빙 시뮬레이터에도 실장될 만큼 차량운동/제어연구의 핵심이 되었다.

계영역"은 당시 센서로도 현상 검출이 쉬워서 "한계를 검출하면 복귀시킨다"는 피드백 제어가 성립되기 쉬웠던 것이다.

「조종안정성 제어와 차량 자세제어는 과거부터 있었던 과제입니다. 조종안정성은 당시 사용되었던 운동방정식으로 연구개발/설계 단계에서도 어느 정도 반영되었지만, 차량 자세제어는 모델화가 어려웠던 이유도 있어서 테스트 드라이버나 튜너를 통한 적합작업이 거의 전부인 상태였죠. 제가 참여했던 마쯔다 GVC도 그 전단계로 D+(Distribution+)라는 것이 있어서, 앞뒤 구동력 배분을 조금 바꾸면 조종안정성 향상으로 이어진다는 내용으로 논문을 발표했

었는데, 나중에 마쯔다의 우메츠(梅津)엔지니어가 i액티브 AWD를 튜닝한 결과는 구동력 배분이 앞뒤 반대가 되었죠. D+는 턴 인할 때의 감속력이 뒤쪽에 치우치도록 한 것인데, "사이드 턴"같은 상태가 되는데다가 리어 서스펜션에 작용하는 안티리프트 힘으로 뒤쪽이 내려가는, 즉 "역(逆) 대각"이 되

## 코너에서 반대로 롤링하는 실험차량

차량운동/자세연구실에 소속된 학부생들이 커리큘럼 일환으로 제작한 실험차량. 롤 센터 위치에 대해 무게중심 위치를 극단적으로 낮춤으로써, 코너에서 일반적 자동차와 달리 반대인 인 쪽으로 롤링하는, 선박과도 비슷한 거동을 보인다. 물론 전자제어는 전혀 사용하지 않는다. 지오메트리 설정 가능성을 보여주는 좋은 사례이다.

었던 겁니다. D+의 계산 결과는 상체 거동을 고려하지 않은 조종안정성이라는 관점에서는 정답으로 보였지만, 가·감속에 따라 자세가 바뀌는 차량 자세제어에 있어서는 틀렸던 것이죠」

야마카도 교수에 따르면, GVC 탄생의 배경이었던 이런 과정에서 그때까지 별로 주목받지 못했던 선회할 때의 롤에 대한, 아주 약간의 미세한 피칭이 운전자가 느끼는 감각의 좋고 나쁨에 큰 영향을 끼친다는 사실을 알게 되었다. 이것은 마쯔다나 야마카도 교수뿐만 아니라 차량 운동역학을 연구하는 연구자들한테까지 확산되었다고 한다. 이것은 운전자의 감각, 즉 승차감 영역에 관한 차량 자세제어 기술을 지금까지 해오던 적합 작업에서 연구개발/설계 단계로 앞당기는 (Front Loading) 형태로 비중을 높임으로써, 이론 그리고 기술로서 확실히 개발해 나가겠다는 분위기를 높이는 계기가 되었다.

당초 GVC는 기존 모델(GVC의 최초 탑재는 2016년 악셀라)에 추가하는 형태로 탑재하다가, 2019년에 등장한 마쯔다3 이후

모델부터는 앞서도 언급했듯이 GVC를 더 효과적으로 이용하기 위해서 개발단계부터 서스펜션 지오메트리 등을 설정하고 있다. 구체적으로는 구동이나 제동, 가·감속 등에 의해 서스펜션에 발생하는 스쿼트나 안티 스쿼트 같은 작용이 GVC에 잘 맞도록 하는 것이다. 이것이 바로 글 앞머리의 노트 e 파워 4WD와 MX-30 시승에서 느꼈던, 엔진 구동이면서도 구동제어를 통해 동등 이상의 효과를 얻는 비결이라 할 수 있는 부분이다. 마쯔다가 제공하는 정보가 없어서 구체적 부분은 파악하기 힘들지만, 기본적으로는 스쿼트/안티스쿼트 작용이 잘 발생하는 서스펜션 지오메트리라고 생각하면 될 것 같다.

그런데 이 스쿼트/안티스쿼트 작용은 어떻게 만들어지는 것일까. 가나가와공과대학과 NTN에서 개발한 4륜 인 휠 모터의 실험차량을 앞에 두고 아베 교수와 야마카도 교수가 설명해 주었다.

「기본적으로는 서스펜션 장착부분과 타이어 접지면 또는 휠 중심을 이은 선의 기울기가 클수록 스쿼트/안티스쿼트 작용이 잘 발생한다고 생각하면 됩니다. 이 선들은 차량을 옆에서 봤을 때 "八자"상태가 되는데, 이 八」자를 앞뒤에서 누르면 중심부분이 솟아오르고, 앞뒤로 떼어놓으면 八자가 당겨지면서 낮아지는 것과 같다고 보시면 됩니다」(야마카도 교수)

특수한 사례처럼 보이지만 일반적인 자동차에서도 똑같은 현상이 일어난다. 예를 들면 회생 브레이크와 마찰 브레이크가 바뀔 때, 휠 중심에서 타이어 접지면으로 입력점이 이동하면서 거동 변화가 생기기 때문에 제어를 통한 대처가 필수적이라는 것이다.

## All About Rear Wheel Drive

# RWD

도해
특집

## 테크놀로지

예전에는 기계적 배치, 설계 난이도, 치수적인 제한, 효율 추구,
안전성 담보 등의 이유 때문에 승용차를 포함해서
대부분의 자동차들이 뒷바퀴를 구동했다.
시대를 거쳐 자동차라는 제품이 대량으로 보급되면서 작고 싸지자 전륜구동차가
등장하게 되고, 이 차는 순식간에 전 세계로 퍼져나가 대세로 자리하게 된다.
후륜구동은 일부 고가 차량이나 레이스를 지향하는 차량에 머무르면서
후륜구동의 신형 차량은 점점 줄어들었다.

그런데 근래, 일부러 후륜을 구동하는 차량이 등장하기 시작했다.
RWD의 단점으로 여겨졌던 여러 가지 문제들의 기술적 해결, 전동화로 인해
기계적 배치에 반영된 과격한 변화,
예전부터 장점으로 여겨졌던 패키징 효율을 추구한 결과 등 다양한 이유들이 있다.
지금 다시 왜 후륜을 구동하게 되었을까.
21세기의 후륜구동 테크놀로지를 들여다 보겠다.

사진 : 폭스바겐

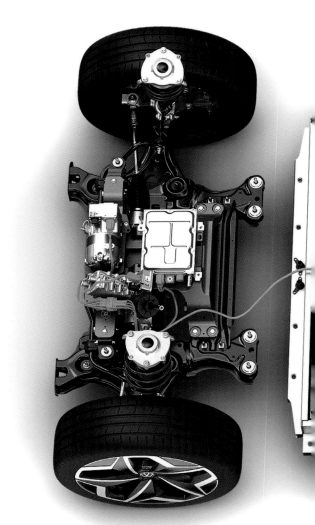

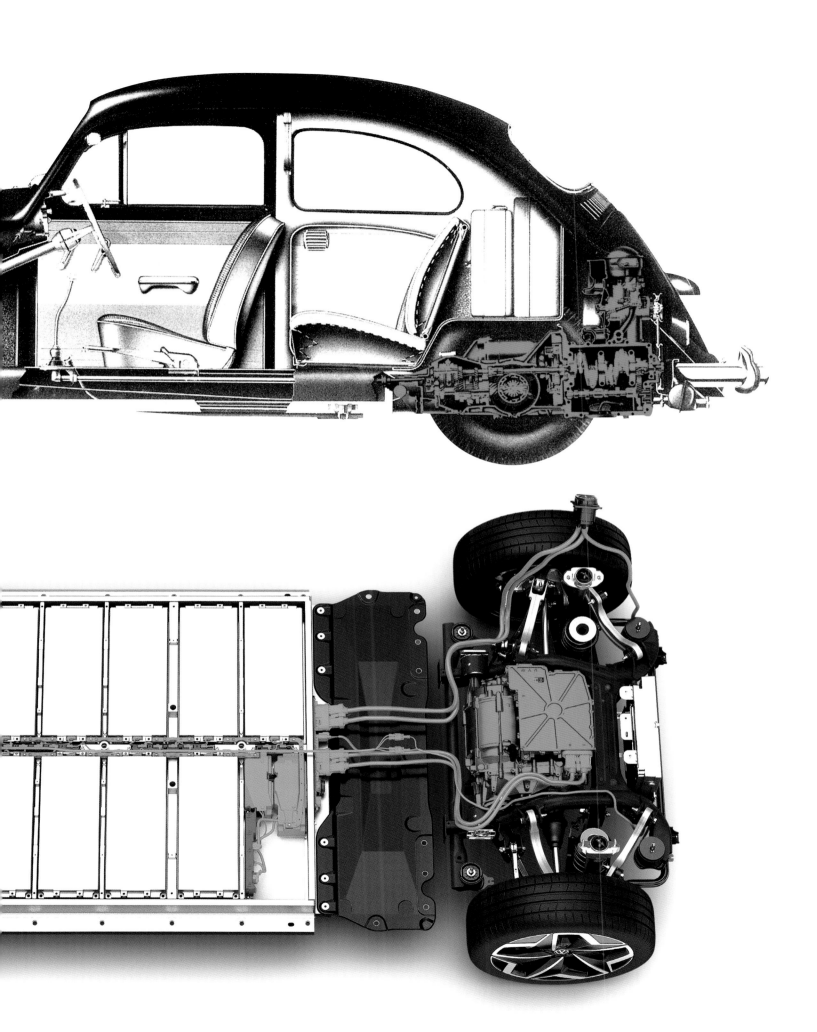

무라타 히로시
Hiroshi TAMURA

닛산자동차 주식회사
상품기획본부 상품기획부
치프 프러덕트 스페셜리스트

구동바퀴와 조향바퀴를 구분한다.
프런트 헤비는 피해야 한다.
모빌 슈트는 필요.
댄스 파트너도 있으면 좋다.
스타일링은 멋지게…
후륜구동을 없애지 말라고?
아니, 우리는 Z를 만드는데.

　무라타　히로시씨는　닛산에서　수많은 RWD(Rear Wheel Drive)를 기획하고 상품으로 만들어 왔다. 북미시장을 겨냥한 중형세단 「맥시마」 등을 통해 FF 경험도 있지만, 그를 대표하는 프로젝트는 페어레이디 Z와 GT-R이다. 닛산을 상징하는 이 2대에 참여한 것이다. 2022년도 후반에 판매된 페어레이디 Z의 스타일링과 개요는 몇 년 전에 밝혀졌다. BEV(Battery Electric Vehicle)가 계속해서 쏟아지는 이 시기에 왜 계속 RWD 스포츠카, 더구나 V6 트윈터보의 ICE(내연엔진)을 탑재한 스포츠카인가. 비

[ 후륜구동의 경제학 ] 왜 우리는

# 계속해서 RWD 를 만드나.

본문 : 마키노 시게오(Shigeo MAKINO)
사진 : 닛산(NISSAN) / 이치 겐지(Kenji ICHI)

1969　1978　1983　1989　2002

즈니스 모델로서 과연 성공할 수 있을까. 닛산 사내에는 이런 목소리도 적지 않게 있었다고 들었다. 하지만 판매는 결정되었고 이미 몇 년이 흘렀다.

다무라씨는 필자보다 조금 젊기는 하지만 쇼와(昭和)시대의 자동차를 보며 자랐고, 쇼와부터 헤이세이(平成)에 걸쳐 상품을 기획해 왔다. 그리고 지금 레이와(令和)시대에 새로운 페어레이디 Z를 세상에 내보냈다. 「이것이 저의 마지막 프로젝트」라고 다무라씨는 말한다. 이 비즈니스 모델에 흥미를 느꼈다. 지금 시대에 묻게 되는 RWD 스포츠카의 비즈니스 모델이란 어떤 것일까. 이번 특집의 모두에 나서면서 페어레이더 Z를 경제학적으로 살펴보았다. 이후의 글은 필자의 인터뷰에 무라타씨가 대답해 준 내용이지만, 무라타씨 관점으로 이어가겠다.

※　　　※　　　※

솔직히 RWD를 내놓으려고 생각했던 건 아니다. Z를 내놔야 한다고 생각했다. Z는 계속해서 RWD였다. 나는 맥시마를 손대면서 처음으로 FF를 공부했다. 그때 FF와 RWD의 차이를 여러 가지로 느꼈다. 비교해 보자면, 패키지 효율이 좋은 파워트레인을 가로로 배치하는 FF와 달리 RWD는 낭비가 있다. 변속기와 디퍼렌셜, 프로펠러 샤프트에 일정한 체적을 빼앗긴다. 요즘은 엔진을 세로로 배치했던 것을 HEV(Hybrid Electric Vehicle)로 하기가 쉽지만 패키지 효율은 좋지 않다.

RWD를 옆에서 바라보면 일목요연함을 알 수 있다. A필러의 착지점은 저절로 전륜 중심보다 훨씬 뒤로 간다. 캐빈은 뒤쪽으로 치우치고, 전장은 FF보다 짧아진다. 다만 운전자 앞으로 긴 보닛이 온다는 점은 어느 정도 안심되는 측면도 있다. 또 ICE의 소음이 약간 멀리서 들린다는 점도 장점이라고 생각한다. 파워트레인 가로배치 FF에서는 벌크헤드 바로 뒤에 ICE 연소실이 있어서, 특히 탁한 소리 같은 것이 운전자한테 강하게 들린다.

운전자를 위한 공간은 역시나 FF가 유리하다. 발밑은 넓다. AWD(All Wheel Drive)를 만들어도 캐빈 공간을 침범하지 않는다. 반면에 RWD는 파워/토크가 큰 ICE를 장착하면 운전자와 조수석 발밑 공간을 메커니즘이 침범하게 되고, 프로펠러 샤프트가 지나가는 센터 터널도 필요하다.

그렇다면 왜 RWD 페어레이디 Z가 계속 필요한 것일까. 약간 서정적으로 들리겠지만, 어떤 의미에서 사람이 살아가는데 있어서의 정취라고 할까, 마음의 의지라고나 할까, 그것에 의지한다는 뜻이 아니라 뭔가 그런 것이 있다면 인생이 즐겁지 않을까 하고 생각될 때, 스포츠카라는 선택지도 있을 거라 생각한다. 닛산 차에서 고른다면 Z와 GT-R이 있다.

나는 GT-R을 건담시리즈의 인간형 기동병기인 모빌 슈트(Mobile Suit)에 비유하고는 한다. 엄청나게 강한 힘을 인간의 힘으로 통제하는 것이다. 무장한 것 같은 감각. 한편으로 Z는 댄스 파트너 같은 느낌이다. 남성이든 여성이든지 간에 댄스라고 하는 시간을 즐기는 파트너 상대로서의 페어레이디

2008　　　2021

Z. 그런 인상이다.

과거를 돌아보면 페어레이디를 제외한「페어레이디 Z」만의 판매대수는 1969년에 판매한 1세대 S30형부터 현재 모델까지 누계로 180만대를 넘는다. 생활필수품이 아닌 Z에도 180만대의 수요가 있다. 이 대목이 우리의 강점이다. 역대적으로 Z를 선택해 준 팬들이 있다. 그렇다면 그 사람들을 위한 자동차를 만들어도 충분히 비즈니스가 되지 않을까.

좀 더 자세히 말하자면 가장 성공한 Z는 1세대였다. 총생산대수는 524,000대. 비즈니스 모델로서도 대성공이었다. 다음 모델, 1978년에 판매한 제2세대 S130형은 총생산대수 422,000대. 판매기간은 1세대보다 짧았지만 잘 팔렸다. 이것도 성공작. 이어진 제3세대 Z31형은 1983년에 판매한 이후 총생산대수는 33만대. 그 다음의 제4세대 Z32형은 총생산대수 164,000대. 이 숫자는 비즈니스로서 성공이라고 할 수 없다. 최소한 20만대는 만들어야 수지타산이 맞는다. 5세대 Z33로 236,000대까지 복구할 수 있었다. 이전 6세대 Z34형은 13만대 정도.

7세대에 해당하는 페어레이디 Z는 2017년 무렵에 기획을 시작했다. 내가 제안한 것이다.「Z는 안 팔린다」「바뀌는 것도 없다」

보디 폭과 타이어 폭의 좌우합계 비율은 100 : 15가 최적이다. 타이어가 너무 좁아도, 너무 넓어도 균형이 안 맞는다.

에어 인테이크 면적은 엔진 출력과 비례한다. 출력을 높이면 당연히 개구면적이 커진다. 동시에 엔진 냉각수만 냉각시키면 된다는 주장은 없어진다.

디자이너는 앞 축 중심부터 도어 오프닝 앞단까지의 거리를「프리미엄 렝스(Premium Length)」라고 부른다. 엔진을 가로로 배치하는 FWD는 이 거리가 극단적으로 짧다. 근래에는 이 거리를 HEV(Hybrid Electric Vehicle) 스페이스로도 부른다. 세로배치 엔진 뒤쪽에 전기모터를 두기 위한 공간이라는 의미이다.

미드십 후륜구동(MR) 같은 경우는 캐빈 후방에 엔진을 싣기 때문에 캐빈이 앞바퀴 쪽으로 이동한다. 그래도 미드십 이그조틱 차가 멋지게 보이는 이유는, 전고가 낮은데도 캐빈을 보디로 깊이 배치할 수 있기 때문이다.

이대로는 안 된다」「더 파워가 필요하다」같은 내용의 기획서를 써서는 임원에게 제안한 것이다. 원래 새로운 기획을 검토할 때는 허가가 필요하다. 돈이 들어가기 때문에 당연하다. 언젠가 그 프로젝트를 할 거라는 전제가 있어야만 여러 가지 사전 스터디를 하게 되지만, 사실 Z는 조금조금 시작했다.

Z가 시작된다는 소문이 퍼지자 전 세계 닛산 디자인 부서에서 나한테로 스케치가 쇄도했다. 통상은 70~80장 정도인데, Z는 400장 이상이나 왔다. 디자이너 몇 명도 뭔가 느낌이 있었는지, 정식 업무도 아닌데 개인적으로 짬을 내 그린 스케치를 보내왔다.

내 일은 계획을 짜는 것이었다. 가능한 한 많은 데이터를 모았다. 뜻밖에 6세대(Z34형) MT차의 판매비율을 조사했더니 MT40%에 AT가 60%. MT는 대부분 니스모 사양이지만 전체비율에서 40%는 상당한 실적이 아닐 수 없다. 스포츠카 전문 메이커가 아닌 다음에야 MT는 더 이상 팔릴 리가 없는 시대이기는 하지만, MT 실적 40%라면 MT를 설정할 만한 근거는 된다.

무엇보다 많은 팬들이 나에게 힘을 실어주었다. 페어레이디 Z 50주년에 후지 스피

→ 2011년 9월, 페어레이디 Z 프로토타입의 온라인 발표 이벤트가 열렸다. 왼쪽 핸들 사양의 운전석에 앉은 사람은 닛산의 우치다 마코토 대표이사 겸 CEO(최고경영자). Z 프로젝트를 승인한 사람이 우치다 사장이었다. 무라타 CPS가 말하듯이 CEO의 승인을 얻을 수 있었던 프로젝트였다.

↓ 역대 페어레이디 Z의 총 누적생산대수. 신형이 등장하면 누적판매 바 그래프가 늘어나지만, Z32형은 커브가 완만하다. Z33형에서 다시 약진하지만, 일본에서는 미니밴이, 세계적으로는 SUV가 잘 팔리는 시기에 등장한 Z34형은 고전했다. 그리고 Z33형이 등장하기 이전부터 일본 1인당 GDP가 정체 상태로 들어간다. 버블붕괴 이후 일본 역대정권들의 무대책과 금융위기에서의 회복 지체가 일본 자동차 시장을 발목 잡았다.

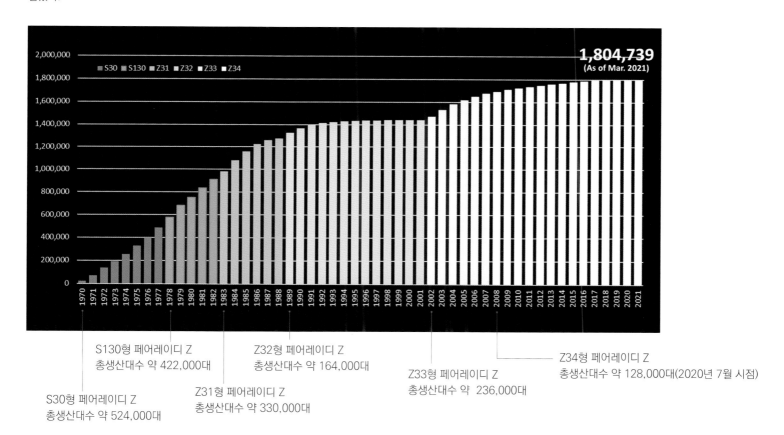

S130형 페어레이디 Z
총생산대수 약 422,000대

Z32형 페어레이디 Z
총생산대수 약 164,000대

Z34형 페어레이디 Z
총생산대수 약 128,000대(2020년 7월 시점)

S30형 페어레이디 Z
총생산대수 약 524,000대

Z31형 페어레이디 Z
총생산대수 약 330,000대

Z33형 페어레이디 Z
총생산대수 약 236,000대

드웨이에서 개최한 이벤트에는 무려 1400대 이상의 Z가 모였다. 그렇게나 오리라고는 생각도 하지 못했다. 이러쿵저러쿵 하는 사이에 주차장이 가득차면서 1400대 이후는 세지도 못했다. 주차장에 들어가지 못한 Z가 많이 있었던 것이다. 이것도 차기 Z가 비즈니스로서 성립된다는 근거가 되었다.

RWD 스포츠카를 계속해서 내놓는 것은 일종의 도전이다. 스포츠카를 만들 수 있다는 것이 자동차 메이커로서는 기쁨이기도 하다. 하지만 비즈니스로 성립시켜야 하는 것 또한 현실이다. 또 스포츠카가 뭐냐고 질문 받았을 때「멋지고, 빠르고, 좋은 소리가 나는 자동차」같이, 단순명쾌하게 아이들도 말할 수 있을 만한 것을 우리 조직이 실현할

완선 액싱 모터를 적용해 몇 가지 모드를 선택할 수 있다. 디지털 바늘이 아날로그 미터 같이 움직인다. 센터 콘솔 위로는 예전의 추억 어린 3연식 미터가 배치. 반면에 Z34형부터 이어져 오는 부품도 있다.

리어 콤비네이션 램프는 Z32형을 모티브로 하고 있다.. 고확산 프리즘을 사용. 하나의 LED빛을 직사광과 내면반사광으로 나누어 안에 있는 링을 비춤으로써 2종 링에 의해 3D로 표현된다. 콘셉트 카에 이용되는 방법이다.

수 있을까. 단순명쾌해서 어려운 측면도 있다. 그래서 기획자로서 감안해야 할 숫자가 상당히 많다.

예를 들면 여성 운전자 비율이다. GT-R의 5%에 비해 Z는 약 25%. 물론 75%가 남성이라는 점에서는 남성 운전자가 압도적으로 많은 셈이지만, GR-R과 비교하면 5배나 많은 여성이 사준다는 얘기이다. 구입동기에 관해 R32형 스카이라인 GT-R/Z32형 페어레이디 Z 시절부터 자세히 분석해 보면, 브랜드 이미지는 둘 다 강하다는 사실을 확인했다.

하지만 앞에서 모빌 슈트와 댄스 파트너라고 표현했듯이, GT-R과 Z는 닛산이 갖고 있지만 서로 다른 생물이다. 밖에서 보면 양쪽 모두 스포츠카이겠지만, 내부적으로는 전혀 다른 생물로 키운다. 표현을 단순화하면 GT-R은 메커니즘이고 Z는 동무이다. 시대마다 그랬다.

이런 데이터를 제시하면서 기획을 진행하려면 사내 적으로 여러 사람에게 이야기를 해야 한다. 「지금 이런 시대에 가솔린 트윈터보를 개발해서, 이제 ICE는 없어 질 거라고들 하는데 할 일인가」라는 논의는 숱하게 있었다. 때문에 사내에서의 반대도 물론 있었다. 하지만 RWD를 계속 만들어온 닛산이기 때문에 다른 곳은 그만둘지 몰라도 우리는 해야 한다고 맞섰다. 비즈니스로서도 성공시키기 위한 준비는 되어 있다고.

약간 부끄러운 얘기를 하자면, Z팬을 위한 역대 최고의 Z를 만들겠다. 한 눈에 매료되고 언제나 사랑할 수 있는 자동차. 키워드는 욕망 그리고 사랑(Lust then Love). 이것은 Z33 시절부터 사용하는 콘셉트이기 때문에 요는 콘셉트를 유지하는 셈이다. 그렇게 간단히 Z 콘셉트가 바뀌지는 않는다.

그렇다면 모빌 슈트가 아닌 RWD 스포츠카를 어떻게 구축할 것인가. 여기에는 나만의 지론이 있으므로 조금 설명하고 넘어가겠다.

가솔린을 연소시켜 에너지로 변환할 때의 효율과, 소리와 열의 균형은 600ps를 기점으로 해야 한다고 생각한다. 메이커마다 각각의 방침이 있겠지만, 그 이상의 파워에서는 「냉각」을 위한 자동차가 될 거라는 생각 때문이다. 가령 1000ps에서는 크기 상으로도 사람과 도로, 자동차와의 균형을 맞추는데 불리하다. 나는 600ps를 기준으로 해야 한다는 생각이다.

또 하나 600ps인 이유는 타이어 때문이다. 시판 타이어를 충분히 활용하기에는 아무리 잘다뤄야 1바퀴 당 150ps 정도. 이 수준은 1990년대에 그룹A 레이싱 카에 사용했던 슬릭 타이어(Slick Tire) 정도로, 현재는 시판 타이어가 이 수준에 도달했다. 이것이 2WD라면 150ps×2 해서 300ps, AWD라면 600ps가 된다. 타이어가 따뜻

플랫폼을 유용하기 때문에 서스펜션 형식은 똑같지만, 세팅은 전면 쇄신되었다. 사진에 보이는 배기관 위쪽으로 머플러의 좌우로 연결되는 통로가 있어서 마지막 배기출구는 좌우로 나뉜다. 당연히 소음규제는 해결되었다.

해지면 600ps를 충분히 사용해 쉽게 트랙션을 걸 수 있는 수준의 그립력을 얻을 수 있다. 이 600ps는 모빌 슈트로서의 궁극적인 운전하는 즐거움을 느낄 수 있는 스포츠카로서, 그것이 GT-R이다.

한편 댄스 파트너인 Z는 경쾌하고 즐겁게 춤을 추면서도 인간을 두근거리게 하고, 자신의 능력을 넘어서거나 자신이 소화할 수 없는 것을 다루는 일이 기쁨이나 재미로 남아야 한다고 생각했다. 150×2의 RWD는 300ps이지만 이것을 400ps로 키웠다. 여력을 트랙션으로는 돌리지 않는다. 어쩌면 낭비일지도 모른다. 위험하다는 지적도 있었지만 확실히 그럴지 모른다는 생각은 한다.

하지만 노련한 운전자는 그것을 알고 있는 상태에서 잘 다룬다. 자동차 메이커로서는 안전을 위한 제어를 다양하게 적용해 안전하고 마지막까지 문제없는 성능의 스포츠카를 즐겨주길 바란다. 그런 제안인 것이다. 150ps×2 수식에서 생각했을 때의 여분의 100ps는, 말하자면 노련한 운전자의 책임이고 그 노련함으로만 탈 수 있는 자동차이

다. 돈이 있다고 해서 누구나 살 수 있는 것이 아니다. 때문에 Z는 노련한 운전자의 스포츠카 운전에 어필한다.

그러기 위해서는 보디를 튼튼히 만들 필요가 있다. 플랫폼은 선대 Z 것을 유용했다. 여기서 말하는 플랫폼이란 주로 트레드와 휠베이스이다. 보디 골격, 즉 이너 설계는 답습했다. 하지만 플랫폼 메탈은 유용하지 않는다. 강재의 두께나 종류는 새로운 V6 트윈터보 엔진의 출력·토크를 받아낼 수 있어야 한다. 다만 도치키공장 생산라인에 다른 모델과 함께 흘러가도록 기존 생산요건은 지킨다. 그렇게 하지 않으면 감당할 수 있는 가격이 나오지 않는다.

Z34에서 유용해도 상관없는 부품은 유용했다. 다만 플랫폼 메탈은 새로운 것에 가깝다. 그 이유는 Z34 시절에는 없었던 충돌안전 기준에 대응하기 위한 것이다.

파워트레인은 대략 300kg. 전륜 서스펜션, 타이어, 휠, 브레이크 계통 등이 약 80kg. 이 무게가 좌우 프런트 사이드 멤버에 실린다. 만약 충돌이 발생하면 탑승객에게 위해를 주지 않도록 찌그러진다. Z34 시

대에는 전면 옵셋 충돌이 6 대 4였지만, 지금은 9 : 1밖에 안 될 만큼 약간만 보디와 부딪치게 하는 시험이 있다. 때문에 보디 전방은 단단하게 만들었다.

그런 한편으로 예전부터 알고 있었지만 하지 못했던 것을 적용하고 싶었다. 보디 강성을 위해서 어디를 어떻게 단단히 하고 어디를 단단히 하지 않아야 할까. 전에는 터널 바나 트렁크 바까지 넣었다. 강성은 중요하지만 강성감이라고 할까, 강성의 시간 축과 시간 축의 리턴, 보디의 댐핑도 중요하기 때문이다. 그런 반면에 충돌안전 대책으로 어쨌든 전방을 튼튼히 해야 한다. 그러려면 점의 강화로는 안 된다. 점과 점을 이어서 선으로 해야 하는 것이다. 또는 그것을 면으로 해야 한다. 그래서 보디 진동모드 등과 같은 새로운 기술도 적용했다.

이것이 RWD의 「주행」에도 효과를 가져온다. 흔히 「생각한 대로 움직인다」라는 표현을 사용하는데, 중요한 것은 「의도하지 않은 움직임을 하지 않는 것」이다. 그러기 위해서는 무엇보다 우선은 보디를 튼튼히 만들어야 하는 것이다. 특히 RWD는 보디 후

무라타 CPS가 차세대 Z를 책상에서 검토했을 때가 2017년 봄이었다. 2020년대의 페어레이디 Z 콘셉트인 Z34의 차량 플랫폼을 유용하는 가운데, 매력적인 스타일링과 갖춰야 할 스펙 등「출발점은 개인적인 타당성 조사였다」고 한다. 오랜 동안 RWD를 계속해서 만들어 온 무라타씨가 기획자로써 집대성한 차이다.

반의 강화방법이 핵심 가운데 하나이다.

닛산은 이에 대한 오랜 역사와 노하우를 갖고 있다. 너무 강해도 안 되고, 타이어만 의존해도 안 된다. 앞바퀴와 뒷바퀴, 조향바퀴와 구동바퀴가 제각각 전용이어야만 각 타이어에 정확하게 일을 시킬 수 있다. 앞바퀴로 조향하고 뒷바퀴로 구동한다. 그때 타이어 접지면이 어떻게 움직이느냐. 조향바퀴와 구동바퀴가 같은 FF와는 자연히 제조방법이 다르다.

그런데 생각대로 조종할 수 있고, 의도하지 않은 움직임을 보이지 않도록 보디와 섀시에 신경을 써도 균형을 잡기는 어렵다. 이쪽을 튼튼히 하면 저쪽이 이상해져 균형이 안 맞는 요소가 다분히 있다. 그 밸런스를 다시 잡는 일이 실제 개발에서는 쉽지 않은 작업이다. 시뮬레이션만으로는 만들지 못 한다.

그래서 나온 것이 과거 경험이었다. 모빌 슈트 GT-R과 댄스 파트너 Z는 2013년 무렵부터 같은 팀을 이루어 정보를 공유하고 있다. 서로의 노하우를 활용해 온 것이다.

그리고 스타일링. 안쪽(Inner)을 유용하게 되면 스타일링에 허용되는 자율성이 줄어든다. 표피 층 15mm에 불과하다. 전체적인 패키징도 여유가 없다. 전 세계에서 몰려온 스케치에는 S30이나 S130, Z32의 모티브가 담겨 있었다. 그런 것들을 아무렇지도 않게 반영하는 일은 디자인 부문에서 맡아주었지만, 내가 신경 쓴 것은「뒷모습」이다.

스포츠카에서 굳이 뒤쪽 표정만 강조하는 경우가 보통은 없을지도 모르지만, 사실 사람은 자동차 뒷모습을 보는 시간이 압도적으로 길다. 정체할 때뿐만 아니라 앞에서 달리는 차의 모습도 뒤쪽밖에 안 보인다. 보도를 걸을 때 눈앞으로 지나가는 자동차를 봐도 그렇다. 돌아서서 끝까지 바라보는 것은 뒷모습이다. 뒷모습이 보고 싶은, 그런 자동차로 만들고 싶었다.

그렇다고 해서 당시의 Z로 만족할 일이 아니라 현대적이어야 한다. 레트로 모던(Ret-ro Modern). 때문에 현재의 솔루션을 사용했다. 리어 콤비네이션 램프에는 S30의 렌즈 커버 반사에 의해 떠오르는 아이라인을 모티브 삼아, 균일한 면 발광으로 아름답게 빛나는 최신 LED를 채택했다.

가장 두드러진 포인트는 보디 측면의 캐릭터 라인을 후방으로 내려가게 한 것이다. 캐릭터라인을 낮춰서 스포츠카로 보이게 하는 것은 난이도가 울트라C 수준이지만, 리어 펜더의 솟아오른 볼륨과 어우러져 상당히 효과적이다. 캐릭터 라인이 내려간 것이 중요한데, 내려갔다 올라가니까 리어 펜더가 강렬해 보인다. 이 부근의 조형은 프레스로도 어려웠지만, 그럼에도 제조 현실을 극복했다. 이것만 강판을 딥 드로잉(Deep Drawing)방식으로 만들면 일그러진다. 그런 것을 제조부문에서 극복해 주었다. S30과는 많이 다르지만 S30을 연상시킬 만한 스타일링으로 만들어졌다고 생각한다.

앞모습은 찬반이 갈린다(웃음). 냉각시스템 기능을 확보하기 위해서 그릴이 커졌다. 이쪽은 풍량 확보가 최우선이다. 기존의 336ps와 새로운 405ps의 열량을 비교해보면 전혀 다르다. 여기에 가로로 범퍼 형상의 바 한 개를 넣으면 냉각되지 않는다. 바를 넣는 것이 S30의 모티브이기는 하지만 기능면에서는 무리이다. 공기는 빛이 아니기 때문에 똑바로 나가지 않고 반드시 난류를 일으킨다. 바 굵기의 2배 정도 되는 영역을 에어 덕트로 사용하지 못하게 된다. 그렇다고 보닛 위를 뚫고 싶지는 않다. 비가 들어오거나 다운포스 문제가 있기 때문이다.

또 다른 배경으로는 전체적 비율이 Z34와는 비교가 되지 않을 정도의 냉각시스템이 있다는 점이다. V6이기 때문에 보닛이 짧아도 성립은 되지만, 신형은 V6에 터보차저를 두 개나 추가해 출력/토크가 올라갔다. 그 열량 증가에 대응하는 라디에이터, 인터쿨러, 오일쿨러 같은 냉각시스템 체적을 확보하려면 아무래도 롱 노즈로 갈 수밖에 없었다. 롱 노즈밖에 안 되는 것이다. 하지만 휠베이스는 늘리고 싶지 않았다.

현재 앞 축 중심부터 도어 오프닝 라인까지의 길이를 프리미엄 길이라고 해서, 진정한 비율의 중요한 포인트로도 간주하지만, 이것을 과도하게 하면 하이브리드 공간이 된다. 「거기에 모터를 넣고 싶은 건가?」하는 말을 들을 수도 있다. 때문에 불필요하게 늘려서는 안 된다. 거기에 자연스러운 생물로서의 균형을 잡은 것이 Z 스타일링의 묘수이다.

보디/섀시에도 「여기까지 손 댔나」할 정도로 세밀한 것들이 많지만, 상세한 것은 나중에 다시 MFi를 통해 언급할 기회가 있기를 바란다. 한 가지 말해 두고 싶은 점은, 이 프로젝트가 실현된 배경에는 임원들의 지지가 있었다는 것이다. COO와 CEO의 지원이 없으면 스포츠카를 만들기는 쉽지 않다. Z 프로젝트 같이 투자 크기로만 보면 완전히 COO 부담으로 간다. 물론 투자는 최대한 억제했다. 그럼에도 지금 시대의 RWD 스포츠카에 요구되는 부분은 충실히 반영했다.

특별한 기술을 적용한 부분은 없다. 세계 제일, 세계 최초 같은 기술은 없어도 된다. 지금 갖고 있는 기술을 조합해서 우직하게 세세한 부분까지 손을 대는 것만으로도 충분하다. 기획의도 자체도 요소의 조합을 통해 세계최고 수준으로 끌어내는 것이었다.

닛산이 세상에 내보내는 숙성된 자동차로 만들어졌다고 자부한다. 이 시대에 RWD를 만들면 디자인이 됐든 무엇이 됐든지 간에 진실로 다가서고 진실한 방법으로 만들게 된다. 그것이 닛산을 좋아하고 Z를 좋아하는 사람들에게는 흥미를 주리라 생각한다. 그런 자동차로 만들었다.

# 후륜구동이란

## 가나가와공과대학 특별객원교수
## 시바하타 야스지씨에게 묻다.

「후륜구동은 역동적」이라고 자주 말하는데, 실제로 그런 느낌을 받을 때가 많다.
그렇다면 RWD는 왜 운동성이 뛰어나다고 느껴질까. 그런 느낌은 이론적으로 근거가 있을까.

본문 : 안도 마코토  그림 : 시바타 야스지

**그림 1**

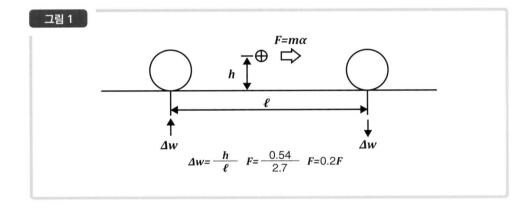

$$F=m\alpha$$

$$\Delta w= \frac{h}{\ell} \quad F= \frac{0.54}{2.7} \quad F=0.2F$$

**그래프 1**

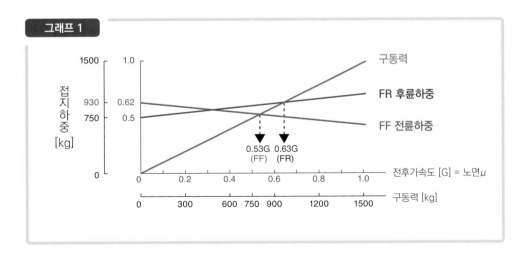

## 구동축을 앞뒤 어느 쪽으로 할 것인가 그로 인한 영향은 어떤 것일까

— 구동바퀴를 앞뒤 어느 쪽으로 하느냐는 설계에 어떤 영향을 끼칠까요?

「먼저 전후 중량배분을 어떻게 할 건지와 직결됩니다. 예를 들어 그림1은 휠베이스를 2.7m, 무게중심 높이를 0.54로 해서 계산한 예인데, 가속했을 때는 「$\Delta w$=0.2F」의 하중이동이 일어납니다. 그래프1은 무게를 1500kg으로 해서 가속할 때의 접지하중과 전후 가속도 관계를 나타낸 겁니다. 앞바퀴는 가속도에 따라 접지하중이 줄어드는데 반해, 뒷바퀴는 늘어납니다. 녹색 선은 구동력을 나타내는데, 이것과의 교차점이 구동한계입니다. 후륜구동 차의 전후 중량배분을 50 : 50으로, 전륜구동 차의 배분은 62 : 38로 해서 계산했을 때, 후륜구동 차는 0.63G, 전륜구동 차는 0.53G가 되면

그림 2

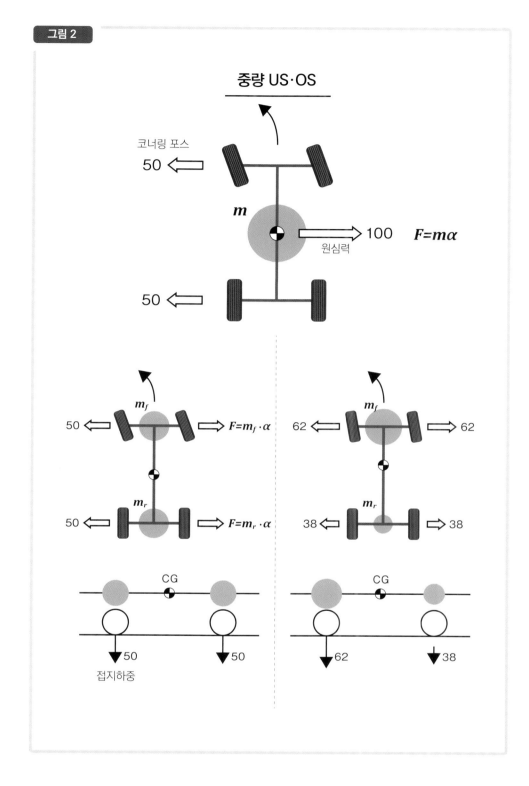

중량 US·OS

코너링 포스

50 ⇐

*m*

100 → *F=mα*
원심력

50 ⇐

$m_f$

50 ⇐    $F=m_f \cdot \alpha$ →

50 ⇐    $F=m_r \cdot \alpha$ →
$m_r$

62 ⇐    → 62
$m_f$

38 ⇐    → 38
$m_r$

CG

↓50    ↓50
접지하중

CG

↓62    ↓38

에, 그야말로 FF의 유리한 영역을 사용할 수 있는 겁니다」

— 전후가속도는 노면의 마찰계수로 바꿀 수도 있죠.

「반대로 말하면 전륜구동에서 앞 축 무게를 너무 가볍게 하면 트랙션 성능이 만족할 수 없다는 뜻이 됩니다. 최근의 FF는 하이브리드 같은 경우, 앞 축 무게가 60% 정도인 것도 있지만, 60~65%인 자동차가 대부분입니다. FR은 50 : 50인 차는 적고 앞 축 무게가 52~53%인 경우가 많습니다」

— 예전에 혼다가 어코드 인스파이어(89~95년)라는 차에 직렬5기통 엔진을 세로로 배치해 앞바퀴를 구동하는 레이아웃으로 했던 적이 있습니다. 『FF의 이상적 중량배분인 60 : 40을 실현하기 위해서』라는 이유를 들었는데요. 크랭크샤프트 아래로 프런트 액슬을 지나가게 하고, 실린더 블록을 35도 기울이는 식의 기발한 레이아웃을 적용하면서 정통적인 가로배치 FF와 별 차이 없는 중량배분을 보인 것은, 앞 축 무게가 60% 이하가 되면 트랙션 성능이 부족해지기 때문이겠죠.

「전기자동차 혼다 e는 후륜구동입니다. 또 폭스바겐의 EV 플랫폼도 2륜구동 차는 후륜구동으로 되어 있습니다. 두 곳 다 FF를 특징으로 해온 메이커이지만, EV를 만들면서 갑자기 후륜구동을 만들기 시작한 겁니다. 직접적인 이유를 밝히지는 않지만, EV 같은 경우 전지를 바닥 아래에 탑재하면 모터를 앞으로 장착해도 앞 축 무게가 60%에 모자라면서 FF가 성립되기 어려워지기 때문이죠」

— EV라면 BMW i3도 후륜구동이네요.

「후륜구동 차는 중량배분과 트랙션 성능이 전륜구동 차와 반대 관계입니다. 포르

서 후륜구동 차 쪽이 0.1G 정도 큰 가속도를 얻게 됩니다」

— 같은 제원의 차량인데 전륜구동으로 하면, 전후 중량배분을 62 : 38의 앞쪽을 무겁게 해도 얻을 수 있는 최대가속도가 후륜구동보다 작군요. 덧붙이자면 전륜구동 차의 전후 중량배분을 50 : 50으로 해서 계산

해 보면 구동한계는 약 0.42까지 떨어지던데요.

「다만 0.3G 이하 영역에서는 전륜구동 차 쪽이 구동바퀴 접지하중이 커지죠. 이것이 『눈길에서는 FF가 유리』하다고 말하는 이유입니다. 눈길에서는 4륜구동이라도 가속도가 0.3G 정도 밖에 나오지 않기 때문

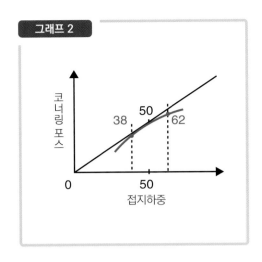

쉐 911처럼 뒤쪽을 무겁게 하면(991형이 39 : 61) 구동한계가 0.8정도까지 올라가지만 그때의 앞바퀴 접지하중은 크게 낮아집니다」

## 전륜구동과 후륜구동 각각의 선회특성

— 선회할 때는 어떤 차이가 있을까요?

「그림2의 가장 위 그림은 중량배분 50 : 50에서 왼쪽으로 도는 모습입니다. 원심력은 무게중심 위치에 작용하기 때문에 앞바퀴와 뒷바퀴의 코너링 포스는 50 : 50으로 원심력과 균형을 이루죠. 이것을 알기 쉽도록 원심력이 앞뒤 따로따로 작용한다고 생각해 보죠. 그러면 원심력은, 예를 들면 전륜구동 차에서 중량배분이 62 : 38%라면 62%의 원심력이 앞쪽에 작용하고 38%가 뒤쪽에 작용하게 되어, 타이어는 그와 균형을 이루는 코너링 포스를 발휘해야 합니다. 이것을 측면에서 보면 타이어에 걸리는 접지하중도 같은 비율이 되겠죠」

— 잘 알겠습니다.

「여기서 『FF는 왜 언더 스티어가 일어날까』하는 의문이 생깁니다. 타이어의 코너링 포스가 접지하중에 비례해서 나온다면 중량배분과 관계없이 앞뒤 각각의 원심력과 균형을 이루는 코너링 포스를 낼 수 있지만, 타이어 특성이라는 것은 그래프2의 적색선 같은 곡선을 그리기 때문에 접지하중이 증가해도 코너링 포스는 비례하는 양보다 늘어나지 않는 겁니다. 실제주행에서는 부족한 양만큼 운전자가 핸들을 더 돌려서 슬립각도로 커버하기 때문에 운전자가 언더 스티어라고 느끼는 것이죠」

— 이니셜 접지하중이 커질수록 원심력이 늘어난 것보다 코너링 포스가 늘어난 양이 작아지기 때문에 FF는 균형적으로 앞쪽 코너링 포스가 작아지는 거로군요.

「계속해서 가로축에 선회G, 세로축에 반경 증폭을 둔 그래프3을 사용해 구동바퀴가 앞쪽이냐 뒤쪽이냐에 따라 선회특성이 어떻게 달라지는지 좀 더 자세히 살펴볼까요」

— R0은 최저속일 때의 선회반경이고, R은 실제 선회반경입니다. 세로축의 선회반경 비율 R/R0은 원래 같으면 돌 수 있는 회전반경에 대해 어느 정도 더 크게 도는 지를 나타냅니다. 그래프 위로 갈수록 언더 스티어가 강하다는 뜻이죠. 양산자동차 대부분은 가장 위 곡선처럼 횡G가 클수록 언더 시트어 상태가 강해지도록 설계되어 있습니다.

「전후 중량배분이 50 : 50이고 앞뒤 모두

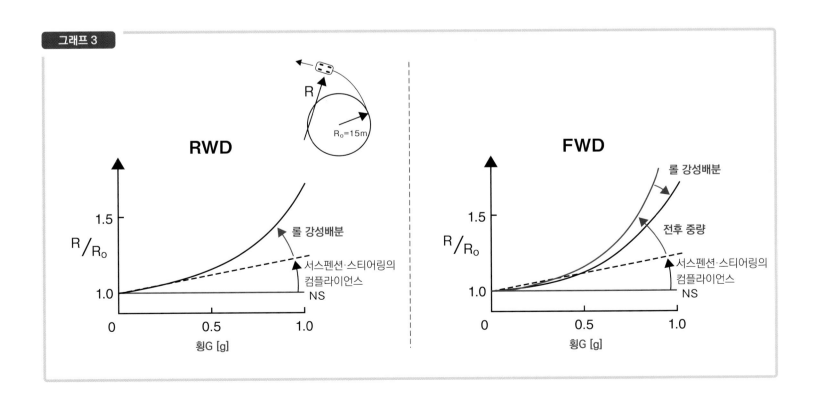

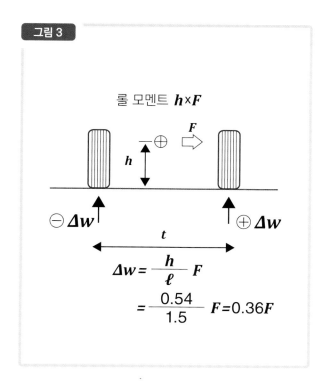

**그림 3**

롤 모멘트 $h \times F$

$$\Delta w = \frac{h}{\ell} F$$
$$= \frac{0.54}{1.5} F = 0.36F$$

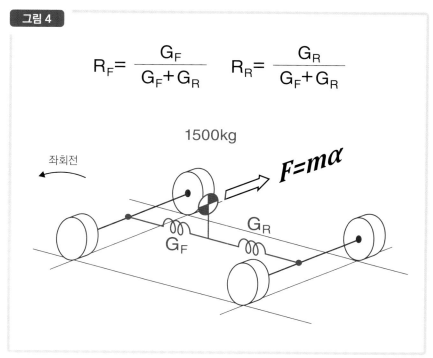

**그림 4**

$$R_F = \frac{G_F}{G_F + G_R} \qquad R_R = \frac{G_R}{G_F + G_R}$$

1500kg

좌회전

$F = m\alpha$

$G_F$    $G_R$

같은 타이어를 사용했을 경우, 원래 같으면 뉴트럴 스티어가 될 겁니다. 뉴트럴 스티어는 R/R0가 1이어서 가로축에 평행한 선이 되죠. 그러면 그것이 이상적이냐 하면 그렇지는 않습니다. 예를 들어 차선을 변경하는 경우는 핸들을 오른쪽으로 돌렸다가 왼쪽으로 돌린 다음, 마지막으로 똑바로 되돌리는 조작을 하게 되는데, 직진으로 되돌린 순간에는 아직 슬립각도가 남아 있습니다. 이때 완전한 뉴트럴 스티어라면 왼쪽으로 계속 선회하기 때문에 운전자가 수정을 해줘야 하는 겁니다. 하지만 실제 자동차는 의식적으로 수정하지 않아도 직진으로 되돌아오죠? 그렇게 되도록 조금은 언더 스티어로 해둘 필요가 있는 겁니다」

― 『완전한 뉴트럴 스티어라면 운전자는 오버 스티어로 느낀다』고 하는 말은 예전부터 많이 이야기들 되었죠.

「그래서 먼저 점선 같은 설계로 하는데, 그것은 서스펜션이나 스티어링의 컴플라이언스(Compliance, 외력을 받았을 때 물체의 변형되기 쉬움을 나타내는 양)로 만듭니다. 스티어링 기어비율이 15인 자동차라면 핸들각도를 15도 돌렸을 때 타이어는 1도가 돌아가야 하지만, 실제로는 0.5도 정도밖에 돌아가지 않도록 만드는 겁니다. 어떤 차든지 간에 언더 스티어로 만들어 안전성을 확보하는 것이죠」

― 그것은 스티어링 샤프트의 토션 바였다거나, 서스펜션 암의 횡력 컴플라이언스였다거나 한다는 뜻입니까?

「주로 파워 스티어링의 토션 바를 이용하죠. 원래 목적은 조향 토크를 검출하기 위한 것인데, 보통 승용차 같으면 직경 10mm 정도에 길이는 40~50mm 정도 하니까 강성이 꽤 낮습니다. 그래서 "핸들 복구"를 만든다고 할까, 싫어도 발생하기는 하니까 이것을 이용해 점선 특성이 되도록 설계합니다」

― 그런데 실제 자동차는 곡선처럼, 더구나 언더 스티어를 보이는데요.

「알기 쉽게 설명하자면, 선회 한계에서 브레이크를 천천히 밟을 때 스핀이 일어나지 않도록 하기 위해서입니다. 이것은 앞뒤의 롤 강성배분을 통해 만들죠. 그림3은 자동차가 왼쪽으로 선회할 때의 그림입니다. 원심력이 무게중심에 작용하고, 무게중심은 지면보다 높은 지점에 있기 때문에 롤이 발생하죠. 그때의 롤 모멘트가 [h×F]인데, 이것을 타이어에서 받쳐주지 않으면 안 됩니다. 그림4는 그에 대한 모식도입니다. 실제로는 서스펜션의 스프링과 스태빌라이저가 붙어 있지만, 그것을 변용해 스프링으로 바꿔 적은 겁니다. 이 앞뒤 스프링 정수의 균형을 어느 정도로 할 것인가가 RF와 RR의 롤 강성배분이 되는 것이죠」

― 전륜구동과 후륜구동에서 롤 강성배분 비율에 차이가 있습니까?

「FR차는 앞쪽 분담비율이 높아서 일반적으로 65 : 35 전후입니다. 그러면 어떤 일이 일어나는지를 그래프4를 사용해 살펴보죠」

― 세로축이 타이어 접지하중이고 가로축이 자동차의 선회 횡G네요. 차량무게 1500kg에 전후 중량배분이 50 : 50,

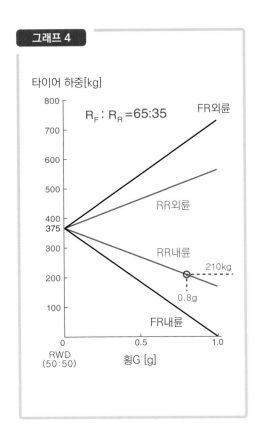

타이어 하중[kg]

$R_F : R_R = 65:35$

FR외륜
RR외륜
RR내륜
210kg
0.8g
FR내륜

RWD
(50:50)

횡G [g]

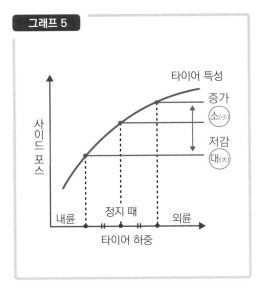

타이어 특성

증가
소(小)

저감
대(大)

사이드 포스

내륜
정지 때
외륜
타이어 하중

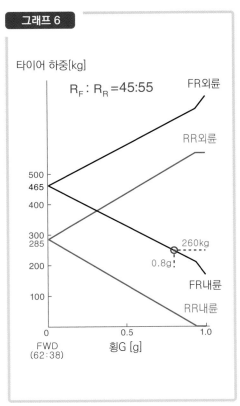

타이어 하중[kg]

$R_F : R_R = 45:55$

FR외륜
RR외륜

260kg
0.8g
FR내륜
RR내륜

FWD
(62:38)

횡G [g]

그러면 1바퀴 당 접지하중이 앞뒤 똑같이 1500÷4=375kg인 셈이네요.

「횡G가 높아지면 내륜과 외륜의 접지하중이 바뀌지만, 변화하는 양은 내륜과 외륜이 반드시 똑같습니다. 그래서 그래프5를 보면 되는데, 중량배분 차이에 따른 스티어 특성 때와 마찬가지로 사이드 포스 변화량이 외륜이 늘어나는 양보다 내륜이 줄어드는 양이 커집니다. 그렇다는 말은 롤 강성배분을 크게 할수록 내외륜의 사이드 포스를 더한 양이 줄어드는 것이죠. 그래프3에서 보았듯이, FR차(전후 중량배분 50 : 50)는 아무 것도 하지 않으면 뉴트럴 스티어가 되죠. 때문에 먼저 스티어링의 컴플라이언스에서 파선 특성으로 한 다음, 선회한계에서 부족한 양은 전방의 롤 강성배분을 높이는 식으로 보강하는 겁니다」

— 그래서 결국 곡선 특성이 되는 거군요.
「또 그래프4 예를 보면, 전방(흑색선) 내

륜은 선회 1G일 때 접지하중이 거의 제로가 되도록 설계되어 있습니다. 후방(적색선)은 롤 강성배분 35%이므로 0.8G로 선회할 때도 내륜 하중이 210kg이 남습니다. 이것이 선회할 때의 트랙션과 직결됩니다. 통상적인 자동차는 오픈 디퍼렌셜이라서 내륜의 구동한계가 전체적인 구동한계가 되기 때문입니다. 이렇게 후륜구동인 자동차가 전륜의 롤 강성배분을 크게 하는 이유는 먼저 횡G가 높은 영역에서 언더 스티어를 내기 위해서, 또 하나는 선회할 때의 트랙션 성능을 확보하기 위해서입니다」

— 전륜구동 같은 경우는 어떻게 되나요?
「그래프3의 우측을 봐주기 바랍니다. 전륜구동 차 같은 경우도 스티어링의 컴플라이언스 양으로 언더 스티어를 하는 것은 똑같지만, 점선에 대해 아무 것도 하지 않으면 앞쪽이 무거워지는 만큼 언더 스티어가 커집니다. 그것이 가장 위쪽 곡선으로, 이래서는 언더 스티어가 너무 강하기 때문에 FF차의 롤 강성배분은 일반적으로 45 : 55정도로 맞추는데, 그래프6이 그 자동차의 타이어 접지하중이 선회할 때 어떻게 되는지를 나타낸 것입니다」

— 차량중량 1500kg에 전후 중량배분은 62 : 38인 설정이네요.

「이 특성으로 보면 0.8G로 선회할 때의 구동바퀴 앞쪽 내륜 하중은 260kg으로, 후륜구동 차보다 조금 큰 수치가 남습니다」

— 이것만 보면 선회할 때의 트랙션 특성은 전륜구동 쪽이 유리하다고 생각되지만, 여기서 가속하려고 하면 하중이동이 발생해 역전되는 포인트가 생기죠.

「이렇게 FF 같은 경우는 전륜의 롤 강성배분 비율을 조금 작게 해 언더 스티어를 줄이는 동시에, 트랙션을 확보하죠. 초대 폭스바겐 골프는 이런 관계를 이해한 상태에서 자동차를 만들었다고 생각합니다. 그 전에는 이론을 잘 모르고 롤 강성배분을 결정했던 시절도 있었죠. 롤 강성배분을 전후 중량배분에 맞춰서 만들었던 메이커도 있었지만, 앞이 무거운 차량의 언더 스티어를 줄이

그림 5

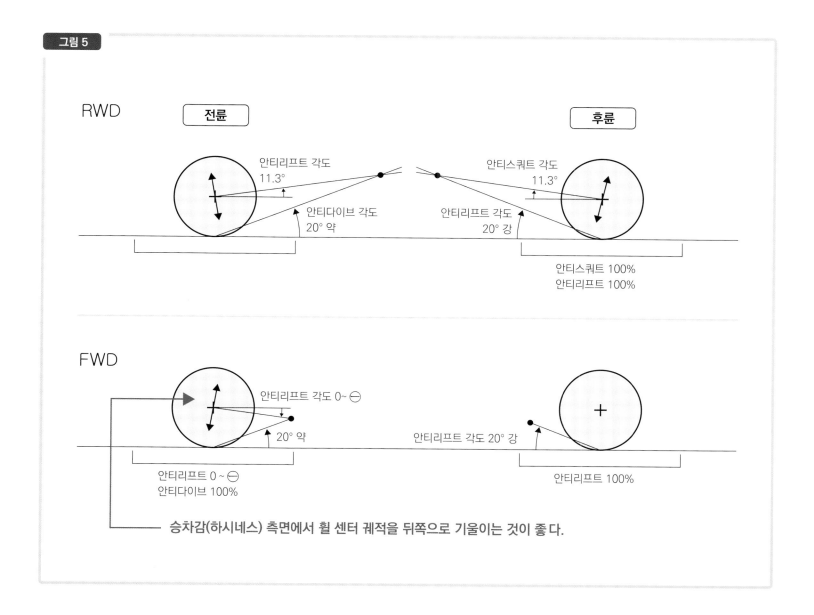

RWD

전륜

안티리프트 각도
11.3°

안티다이브 각도
20° 약

후륜

안티스쿼트 각도
11.3°

안티리프트 각도
20° 강

안티스쿼트 100%
안티리프트 100%

FWD

안티리프트 각도 0~⊖

20° 약

안티리프트 각도 20° 강

안티리프트 0 ~ ⊖
안티다이브 100%

안티리프트 100%

**승차감(하시네스) 측면에서 휠 센터 궤적을 뒤쪽으로 기울이는 것이 좋다.**

려는 측면에서는 역행했다고 봐야겠죠」

— 롤 강성배분이 선회특성과 동시에 트랙션 성능에도 큰 영향을 끼친다는 사실을 잘 알겠습니다.

「서스펜션 설계자는 선회성능만 생각한 나머지 트랙션 성능을 간과하는 경향이 있습니다. 그러나 트랙션 성능은 운전감각에도 크게 영향을 줍니다. 슬립 각도를 넓히지 않고도 트랙션을 걸 수 있다는 것은 선회궤적이 바뀌지 않고도 가속할 수 있다는 의미이기 때문에, 타이어가 공전하는 영역이 아니라도 차이를 느낄 수 있는 겁니다」

## 후륜구동 차에 요구되는
## 서스펜션 설계 개념

—구동바퀴가 앞뒤 어느 쪽이냐는 서스펜션 설계에도 영향을 끼치겠죠.

「안티리프트(차체를 끌어내리는 작용) 각도와 안티스쿼트 각도 설정이 받죠. 그림5의 상단 그림은 후륜구동 차 사례입니다. 구동력이 뒷바퀴에 걸리기 때문에 그때 뒷바퀴가 가라앉지 않도록 서스펜션을 기하학적 구조(Geometry)로 설계할 필요가 있습니다. 물리적으로는 안티스쿼트 힘을 100%(가속에 의한 하중 이동량과 기하학적인 안티스쿼트

힘이 균형을 이루는 상태)로도 할 수 있지만, 그렇게까지 하지 않는 경우가 많습니다. 그리고 브레이크를 걸었을 때 후방이 올라가는 것을 억제하는 안티리프트도 100%로 할 수 있습니다. 안티리프트 각도는 20도 정도, 안티스쿼트 각도는 10도 정도에서 100%가 되는데, 그 교차점 중심에 서스펜션이 움직이도록 설계하면 어떤 쪽도 100%로 할 수 있는 겁니다」

— 측면에서 봤을 때의 순간 중심이 이 교차점으로 오도록 하면 좋은 거겠죠.

「그러면 앞바퀴는 어떤가 하면, 브레이크 힘 배분을 앞뒤 똑같다고 단순화했을 때, 안

티다이브 각도가 뒷바퀴의 안티리프트 각도와 똑같은 20도 전후가 됩니다. 가속할 때 앞바퀴가 들어 올려지는 안티리프트에 대해서는 구동력이 안 나오는 앞바퀴에서는 대응할 수 없으므로, 가속으로 인해 하중이 감소된 양만큼 올라갑니다. 다만 올라가는 방향은 댐퍼의 텐션 방향과 같기 때문에 늘어나는 쪽 감쇠력으로 리프트를 억제할 수 있습니다」

— 그럼 후륜구동의 경우는요?

「가속할 때는 하중이동으로 앞바퀴가 올라갑니다(그림5 아래). 이것도 힘의 균형 상으로는 안티리프트 각도를 10도 정도 붙여서 억제할 수 있지만, 실제 자동차는 그렇게 되어 있지 않습니다. 플러스 안티리프트 각도를 붙이면 휠 센터의 요동궤적이 앞으로 기울어 승차감(Harshness, 소음을 동반하는 진동) 특성이 나빠지기 때문입니다. 그렇기 때문에 대부분의 실제 자동차는 안티리프트 각도가 제로에서 마이너스로 되어 있습니다」

— 그 점은 후륜구동의 앞바퀴도 마찬가지이죠.

「후륜구동 차는 앞바퀴의 안티리프트 힘을 사용할 수 없기 때문에 마이너스라도 문제가 없죠. 하지만 전륜구동 같은 경우는 안티리프트 각도가 마이너스이면 앞쪽을 들어 올리는 힘이 발생합니다. 게다가 뒷바퀴는 구동하지 않기 때문에 안티스쿼트 힘을 사용할 수도 없죠. 뒤쪽이 가라앉는 걸 댐퍼로 억제하려면 압축 쪽이기 때문에 승차감 측면 때문에 그다지 강하게 할 수 없습니다」

— FF는 뒤 축 무게가 가볍고 스프링 정수가 작기 때문에 감쇠력을 높이면 감쇠가 과도해지기 쉽죠.

「이렇게 가속할 때의 자세제어라는 점에서는 후륜구동 차보다 전륜구동 차 쪽이 불리한 겁니다. 때문에 가속할 때의 직접적 감각 측면에서는 후륜구동 차보다 뛰어난 전륜구동 차라는 말이 있는 것이라고 생각합니다」

— 전륜구동 차 같은 경우, 피칭이 일어나고 나서 가속이 시작되기 때문에 한 템보 늦은 감이 있다는 뜻인가요?

「그렇습니다. 다만 요즘 자동차들은 서스펜션이 하드한 경향이 있어서 보통으로 달리는 범위에서는 그다지 차이를 느끼지 못합니다. 다만 소프트한 자동차를 만들려고 할 때는 이런 측면에서는 후륜구동 차가 유리한 점이 있죠」

## 차동제한 장치가 가져오는 차량거동 차이는 어떤 것일까

— 구동바퀴 차이에 따라 LSD(차동제한 장치)와의 궁합이 바뀝니까?

「후륜구동 차에 LSD를 장착하면 선회할 때의 트랙션을 높일 수 있기 때문에 롤 강성배분을 조금 뒤쪽으로 가게 할 수 있죠. 다만 그렇게 하면 언더 스티어 정도가 약해지기 때문에 후방 타이어 크기를 크게 해서 균형을 맞춰줍니다」

— 그렇게 하면 트랙션을 더 확보할 수 있어서 안정성도 좋아지죠.

「다음으로 전륜구동 차에 LSD를 조합했을 경우인데, 트랙션 측면에서는 앞바퀴의 롤 강성배분을 맞출 필요가 없어집니다. 하지만 그 만큼 언더 스티어는 강해지죠. 그것을 전방 타이어 크기를 늘리는 식으로 대응

**표 1**

| | RWD | | FWD | |
|---|---|---|---|---|
| | 노멀 디퍼렌셜 | LSD | 노멀 디퍼렌셜 | LSD |
| 중량배분 | 50：50 | ← | 프런트 헤비 60~65：40~35 | ← |
| 롤 강성배분 | 65：35 | 60：40 | 50：50~45：55 | 50：50 |
| 전후 다른 크기의 타이어 | △ | ○ | ✕ | △ |

하는 방법을 생각해 볼 수 있지만, 그런 경우는 안정성과의 균형을 고려할 필요가 있습니다」

— 한계영역에서는 어떻게 될까요?

「후륜구동 차에서 오픈 디퍼렌셜일 경우에 선회하는 중에 조금 가속하는 정도면 언더 스티어가 일어나지만, 구동 내륜의 마찰원을 충분히 사용한 시점에서 오버 스티어로 바뀌는 리버스 스티어가 일어납니다(그래프7). 여기에 LSD를 달면 외륜 마찰원을 충분히 사용할 때까지 구동력을 걸 수 있기 때문에 선회한계가 높아지죠. 다만 마지막은 내륜이나 외륜 모두 동시에 마찰원을 다 사용하기 때문에 리버스 스티어로 빨리 바뀌면서 트랙션은 벌 수 있지만 운전은 어려워집니다」

— 그렇다면 전륜구동의 경우는?

「전륜구동 같은 경우는 선회할 때 가속을 하면 언더 스티어가 강해지지만, LSD를 장착하면 내륜 쪽 마찰원을 충분히 사용해 구동력을 내지 못해도 외륜에서 구동력을 낼 수 있습니다. 그러면 구동력을 좌우로 배분

하는 효과가 생기면서 요 모멘트가 발생해 언더 스티어가 약간 완화되죠(그래프8). 후륜구동 같은 경우도 똑같은 현상이 발생하기는 하지만, 후륜의 마찰원을 충분히 사용했을 때의 요 모멘트와 구동 외륜에 의한 요 모멘트가 같은 방향으로 작용합니다. 그것이 한계영역에서 운전이 어려운 한 가지 이유라고 생각합니다」

— LSD의 토크 바이어스 비율(Torque Bias Ratio)을 어느 정도로 하느냐에 따라서도 영향을 받을 것 같습니다.

「롤 강성배분을 어느 정도로 하느냐는 점과 LSD 효과를 어느 정도로 하느냐는 점 두 가지를 잘 균형 잡아주면 바로 구동력을 좌우로 배분하는 것과 똑같은 효과를 얻을 수 있습니다. 그러면 액셀러레이터를 밟으면서 선회해도 선회반경이 넓어지지 않는 특성을 발휘할 수도 있죠. 특히 전륜구동 차 같은 경우는 전자제어 방식으로 효과를 컨트롤함으로써 선회 내륜이 공전될 때만 효과가 나게 하고, 외륜을 구동시키는 방법도 가능합니다. 선회한계 때의 조종성을 향상시키기 위

해서는 LSD의 토크 바이어스 비율을 롤 강성배분과 세트로 조정할 필요가 있습니다. 서스펜션 설계자와 구동계통 설계자의 협업이 필요한 것이죠. 또 이런 메커니즘들을 정확하게 이해하는 테스트 드라이버가 등장할 차례이기도 합니다.

나아가 4WD 차 같은 경우는 전후 롤 강성배분이 선회할 때의 구동력 전후배분에도 영향을 끼치는 관계입니다. 나중에라도 이 부분을 설명할 기회가 있었으면 좋겠군요」

Profile

**시바하타 야스지**
(Yasuji SHIBAHATA)
가나가와공과대학 특별객원교수 박사(공학)
Vlabo주재
시니어 비클 다이내미스트

**좌측 그래프 7 / 우측 그래프 8**

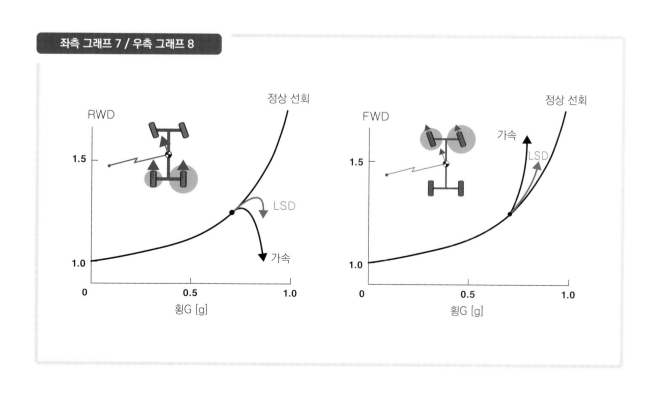

# CHAPTER 2

# 「탈스포츠」 후륜구동

## 차세대 BEV에서는 후륜구동이 주류를 차지한다?

본문 : 안도 마코토  사진 : 폭스바겐 / BMW / 토요타 / 렉서스 / 마쯔다

**폭스바겐 ID.3의 플랫폼**

초대 골프 이후, FF 레이아웃 모델을 주력상품으로 만들어 온 폭스바겐. 하지만 BEV 전용 플랫폼 "MEB"의 첫 번째 제품 ID.3는 RR를 적용한다. 제2탄 ID.3도 RR과 AWD은 라인업에 있지만 FWD는 준비하지 않았다. 휠베이스는 골프보다 130mm가 긴 2765mm로, 가운데 바닥을 길게 해 배터리 탑재 공간을 확보한다. 리어 서스펜션은 안티스쿼트 지오메트리를 만들 수 있는 멀티링크 방식. 짐칸 용량은 385ℓ로, 골프보다 5ℓ가 크다.

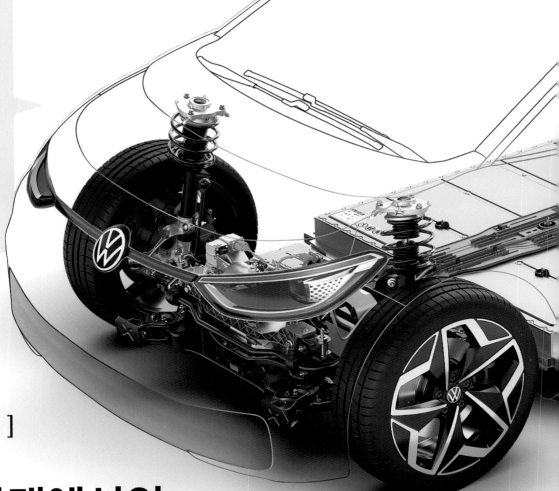

## [ INTRODUCTION ]

# 엔진 없는 상태에서의 자유로운 차체설계가 더욱 확대

내연기관을 파워트레인으로 사용하는 자동차는 지금 소형차나 중형급까지 엔진을 가로로 배치하는 FF/AWD 모델이 주류를 차지하고 있다. 하지만 이런 상식이 BEV에서는 그대로 적용되지 않는다. 모터나 인버터 그리고 배터리를 차체 각 부분에 분산해서 탑재할 수 있는 BEV에서는 후륜구동이 주류를 차지할 수도 있다.

맨 맥시멈·메커니즘 미니멈(M·M) 사상을 브랜드 콘셉트로 내걸고 있는 메이커로는 혼다가 대표적이다. 하지만 그 원류는 영국 엔지니어인 알렉 이시고니스경이 개발한 모리스 미니에서 찾아볼 수 있다. 엔진 밑으로 변속기를 집어넣은 파워트레인을 보닛 아래에 가로로 배치해 전륜을 구동하는 이 차는, 캐빈 앞쪽 구역만으로 드라이브트레인을 완결시켜 전장 3051mm×전폭1410mm×전고 1346mm밖에 안 되는 소형 보디에 어른 4명이 탈 수 있는 맥시멈 공간을 만들어냈다.

그로부터 얼마 지나지 않아 이탈리아 피아트의 단테 자코사가 현재의 FF 레이아웃으로 이어지는 "지아코사 방식(엔진과 변속기를 같은 축으로 놓고, 후방으로 디퍼렌셜 유닛을 배치해 앞바퀴를 구동하는 방식)"을 고안하면서 프런트 엔진·프런트 드라이브(FF)는 M·M을 실현하는 방법의 정석이 되었다. 지금은 C세그먼트 이하 자동차 대부분이 FF 레이아웃을 채택하고 있다.

### 2013년에 데뷔한 BMW i3도 후륜구동이었다.

BMW이기 때문에 후륜구동 선택이 자연스럽다. 모터 같으면 후방 바닥 아래에 탑재할 수 있기 때문에 RR을 선택한 이유에 관해 깊이 생각할 필요가 없을지도 모르지만, 트랙션 성능을 확보하는 차원에서도 후방 모터가 궁합이 잘 맞는다. BEV사양의 전후 중량배분은 약 50 : 50이지만, 후방에 엔진과 발전기가 추가되는 레인지 인스텐더 사양은 약 45 : 55였다.

# 세로배치 엔진의 후륜구동에 필수인 프로펠러 샤프트

## 차체 중앙을 관통하는 부품이 차량실내 공간에 끼치는 영향

내연기관을 탑재하고 캐빈이나 짐칸을 크게 확보하면서도 뒷바퀴를 구동하려면 필연적으로 FR로 가야한다. 따라서 뒷바퀴를 구동하려면 프로펠러 샤프트가 필수이기 때문에 바닥 터널이 필요하고, 그로 인해 뒷자리 중앙 바닥이 높아져 뒷자리에 3명이 앉기는 현실적이지 않다. 모터를 후방에 배치하면 바닥 터널이 필요 없기 때문에 FF수준의 실내공간과 후륜구동을 양립할 수 있다.

# 엔진이 없으면 파워트레인의
# 분산탑재가 가능

엔진 / 변속기 / AC제너레이터 etc.

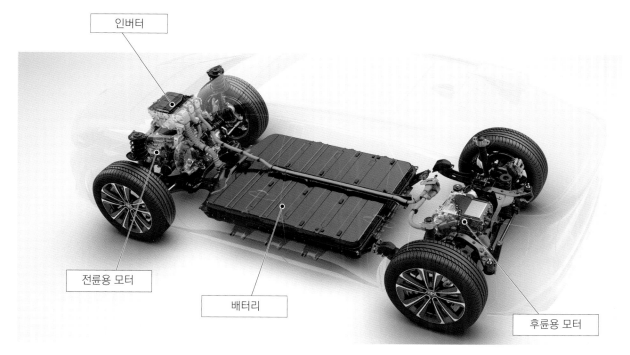

인버터

전륜용 모터

배터리

후륜용 모터

## ICE는 보조기기들을 포함한 탑재공간이 필요

내연기관은 본체가 무겁고 클 뿐만 아니라, 엔진으로 구동하는 보조기기들도 빼놓을 수 없다. 때문에 자동차를 구성하는 요소들 가운데 가장 무겁고, 탑재할 위치가 전후 중량배분에 큰 영향을 끼친다. 하지만 BEV는 가장 무거운 배터리를 휠베이스 사이에 탑재하고, 모터와 보조기기들은 분리해서 배치할 수 있기 때문에 모터 위치와 상관없이 50 : 50에 가까운 중량배분이 가능하다.

그러나 공간효율 측면에서는 최대의 합리성을 발휘하는 이 레이아웃이 차량 운동성능 측면에서도 최선이라고 하기는 어렵다. FF 레이아웃은 경사로 출발성능을 확보하기 위해서 구동축에 어느 정도 하중을 걸어줄 필요가 있다. 특히 휠베이스가 짧은 소형차일수록 하중이동 영향을 받기 쉽기 때문에 전후 중량배분을 60 : 40에서 크게 움직일 수가 없다.

앞쪽이 무겁다는 것은 정상적으로 언더스티어를 얻을 수 있다는 점에서, 안전성 측면에서는 바람직하다. 하지만 선회 초기의 노즈 진입이 어렵고, 구동과 선회 양쪽의 그립력을 앞바퀴가 부담해야 하는 사정 상, 빠르게 가속하려고 할 때 액셀러레이터를 밟을 수 있는 타이밍이 후륜구동보다 늦어진다. FF에는 FF가 주는 재미가 분명히 있지만, 자동차를 자유자재로 조종한다는 측면에서는 FF가 최고의 레이아웃이라고 하기 어렵다. 하지만 공간효율을 최우선해야 하는 카테고리의 자동차는 FF가 아니고는 최우선 요건을 갖추기 힘들기 때문에, 가벼운 노즈의 경쾌한 조향감각이나 액셀러레이터를 밟아 자동차를 돌게 하는 재미는 포기할 수밖에 없었다.

하지만 그것은 파워 유닛이 내연기관일 때의 이야기. BEV가 당연시되는 시대에서는 그런 상황이 뒤집힐 가능성이 있다.

BEV 구성요소 가운데 가장 질량이 큰 것은 배터리이다. 소형차라도 300kg, 대형자동차는 500kg이나 나간다. 게다가 체적도 커서 충돌로부터 보호해야 하기 때문에 탑재할 수 있는 장소는 캐빈 바닥 아래로 한정된다. 이렇게 무거운 것이 자동차 중심에 있으면 그것만으로도 전후 중량배분이

50 : 50에 가까워진다. 그러면 몇 십 kg이나 나가는 모터를 앞쪽에 배치해도 앞 축 중량이 60%를 확보할 수 없어서, 트랙션 성능 측면에서 불리하다는 점은 부정하기 힘들다.

그런 시각에서 세계의 EV를 바라보면, ICE차에서 파생된 모델이기 때문에 FF 레이아웃이 많기는 하지만, EV용 모델은 RR이나 AWD가 주류임을 알 수 있다. BMW i3나 폭스바겐 ID.시리즈는 RR이고, 테슬라는 모델 대부분이 AWD이다.

왜 그런지는 이치를 따져보면 알 수 있다. 내연기관은 회전하는 크랭크샤프트 외에도 흡기용적 확보에 필요한 실린더나 밸브 시스템이 필요하기 때문에 체적이 커지기 십상이다. 또 체적 외에 흡배기 시스템 공간도 필요하며, ACC나 에어컨 컴프레서 등과 같은 보조 기기들도 빼놓을 수 없다. 여기에 클러치 기구 등과 같은 출발 장치와 변속기가 없으면 성립되지 않는다.

이렇게나 큰 장치를 캐빈 공간에 영향을 주지 않고 배치하려면 최적의 공간은 저절로 보닛 아래가 될 수밖에 없다. 미드십이나 리어엔진 방식으로 만들면 뒷자리나 짐칸에 실용적인 공간을 확보하기가 곤란하다.

그런데 전기모터는 같은 출력의 엔진보다 체격이 훨씬 작기 때문에, 짐칸 바닥아래에 배치해도 전후방향 공간이 침범되지 않는다. 위아래 방향으로는 약간 공간을 차지한다고는 하지만, 스페어타이어 탑재를 포기하면 실용적인 짐칸 용량은 확보할 수 있다. 또 트랙션 문제를 해결할 수 있으므로 패키징부터 새로 설계하는 경우, RR(또는 AWD)을 선택하지 않고는 방법이 없을 것이다.

그것을 증명해 준 것이 혼다 e이다. 전장 3895mm밖에 안되는 보디의 뒤 차축 위에 모터를 탑재하면서 뒷자리 무릎 공간은 필자가 계측한 수치로 피트보다 50mm밖에 짧지 않다. 피트 전장이 100mm 길다는 점을 감안하면 앞뒤 방향 공간효율은 혼다 e가 한 수 위라고 할 수 있다. 짐칸 바닥면 길이는 피트가 약 90mm 길지만, 그것을 공제하더라도 M·M은 충분히 달성되었다고 할 수 있지 않을까.

보닛 아래에 있는 것은 PCU(Power Control Unit)와 보조기기들뿐이라 공간적 낭비로 볼지 모르겠지만 이것은 충돌안전 성능을 확보하는데 필요한 공간이다. 배터리 탑재로 인해 관성 에너지가 커졌을 뿐만 아니라, PCU 주변의 고압전류 시스템의 보호성능도 확보해야 하기 때문에 내연기관 이상의 에너지 흡수 영역이 필요하다. 여기에 모터까지 넣게 되면 프런트 오버행이 길어질 수밖에 없고, 그렇게 되면 M·M 사상에서 멀어지기 때문에 역시나 모터는 뒤쪽에 두는 것이 좋다.

내연기관 시대에는 M·M사상을 실현할 최선의 방법이 FF 레이아웃이었다. 하지만 BEV가 주류인 시대가 되면 반드시 그것만이 해답은 아닐 수도 있다. 다음 페이지 이후는 그런 가능성을 열어젖힌, 혼다 e 개발에 참여했던 엔지니어 2명의 이야기를 들어보겠다.

**→ CASE 1** | **Honda e**

# 목표 삼은 크기와 주행성능을 실현하기 위한 최적의 솔루션

혼다의 현재 모델은 엔진을 가로로 배치하는 FF모델이 주류이다. 그런데 BEV인 혼다 e는 왜 후륜구동을 선택했을까?
초기단계에서 결단한 이유와 그 후의 개발에서 목표로 삼은 주행성능에 관해 엔지니어들에게 들어보았다.

본문 : 안도 마코토  사진 : 혼다 / 가미무라 사토시 / MFi  수치 : 혼다

## 후방 모터/후륜구동으로 탄생한 혼다 e

혼다 최초의 BEV 전용 플랫폼을 바탕으로 만들어진 혼다 e. 「누구나 살 수 있는 콘셉트 카」를 표방하며 인스트루먼트 패널을 횡단하는 액정화면이나 디지털 사이드 미러 등, 2030년에나 일반적으로 보급될 만한 기술들을 모두 투입했다.

혼다 e가 후륜구동이 된 이유를 설명해 달라.

「혼다는 MM사상을 콘셉트로 내걸면서 정교한 패키징을 강점으로 해온 메이커입니다. 혼다 e도 애초에 기획할 때는 적재공간을 피트처럼 사용할 수 있게 하는 등, 패키지에서 승부하려고 생각했기 때문에 FF로 출발했습니다. 모터는 엔진보다 작으니까 FF라 하더라도 자동차는 작게 만들 수 있을 것이고, 짧은 회전반경에도 효과적일 거라 생각했죠」(개발책임자 이치노세씨)

그런데 왜 후륜구동으로 바뀐 건가?

「레이아웃 설계를 시작하고 3개월 정도 지난 시점에서 도치기현에 있는 나스(那須)산에 모여 "왁자지껄(각 부문 담당자들이 정규 직장 이외의 곳에 모여 자유분방하게 의견을 교환하는 모임)"을 연 적이 있습니다. 그때 보디 프로젝트 리더가 『전면충돌 때의 크래시 스트로크(Crash Stroke, 자동차가 찌부러지는 치수)를 확보하려면 전방 오버행이 110mm 더 필요하다』고 하더군요. 모

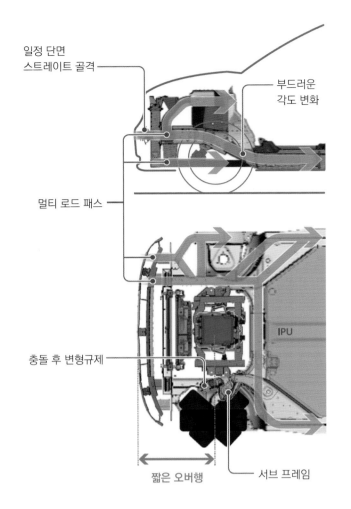

일정 단면
스트레이트 골격

부드러운
각도 변화

멀티 로드 패스

충돌 후 변형규제

짧은 오버행

서브 프레임

IPU

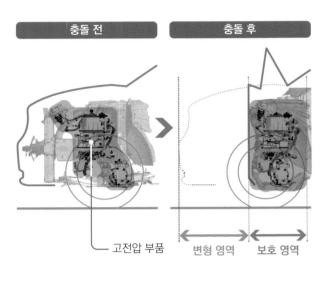

충돌 전

충돌 후

고전압 부품

변형 영역

보호 영역

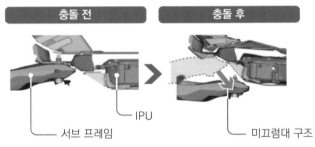

충돌 전

충돌 후

IPU

서브 프레임

미끄럼대 구조

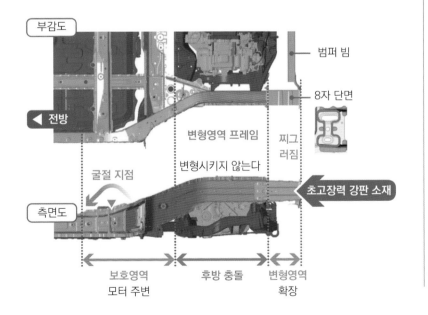

부감도

전방

굴절 지점

측면도

범퍼 빔

8자 단면

변형영역 프레임

변형시키지 않는다

찌그러짐

초고장력 강판 소재

보호영역
모터 주변

후방 충돌

변형영역
확장

## 전장을 줄이는데 기여한 전방 주변 구조

전방 구역은 보조기기들만 탑재해 크래시 스트로크 확보와 동급 최소 수준의 프런트 오버행을 양립한다. 충돌하중은 서브 프레임 까지 사용해 지지한다. 하중이 클 때는 서브 프레임 뒷부분의 용접 너트가 떨어져 나감으로써 배터리와의 충돌을 피한다. 드라이브 샤프트가 없기 때문에 사이드 멤버의 상하 굴곡도 완만하다.

## 모터 주변을 튼튼히 지키는 후방 구역

후방 크래시 박스에는 고(高)λ형(연성이 높다) 980MPa 소재를 사용. 곡선이 많은 8자 단면을 사용해 에너지흡수 능력을 높였다. 한편으로 모터 양쪽의 사이드 멤버에는 1500MPa급 초고장력 강판 소재를 배치. 모터 탑재구역을 변형시키지 않고 튼튼히 지키는 구조를 하고 있다.

터는 엔진과 달라서 전기가 계속 살아있기 때문에, 충돌했을 때 고압배선이 충격을 받는 것은 피해야 합니다. 때문에 충돌한 뒤에 어떤 곳과도 부딪치지 않도록 레이아웃을 해야 하는 것이죠. 그러면서도 자동차는

크게 하지 않으면서 말이죠」(이치노세씨)
전동차라면 에어백 센서를 트리거 삼아 배터리 안에서 고전압을 못 쓰게 하는 회로는 당연히 필수이다. 하지만 그것만으로는 충분하지 않다고 한다. 셧 다운될 때까지의

0.1초 동안에 뭔가가 일어날 가능성도 있기 때문이다. 센서나 접촉기(Contactor)의 고장, G가 걸리는 형태에 따라서는 컨택터가 기능하지 않는 등의 상황까지 고려해 이중 삼중의 안전장치를 해둘 필요가 있다. 때문

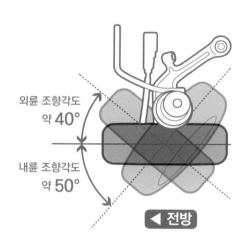

**외륜 조향각도**
**약 40°**

**내륜 조향각도**
**약 50°**

◀ 전방

## 조향각도를 크게 할 수 있는 스티어링

후방 모터 방식을 취함으로써 성립된 타이어 중심선보다 앞쪽에서의 결속. 피니언 기어로 이어지는 조인트 위치를 보면, 모터나 드라이브 샤프트가 있으면 성립되지 않는다는 것을 알 수 있다. 외륜보다 크게 조향되는 내륜 림과 타이로드가 간섭할 우려가 없기 때문에 조향각도를 크게 할 수 있다. 일반적인 FF차는 내륜 조향각도가 40도를 약간 넘는데 반해, 혼다 e는 약 50도나 된다.

## 중량물 배치와 ICE와의 크기 비교

300kg 정도 나가는 IPU(리튬이온 전지와 ECU 등의 집합체)를 휠베이스 사이에 탑재. 피트보다 전장이 100mm 짧지만, 성인이 타도 여유 있는 뒷자리 다리공간을 확보. e:HEV는 가솔린엔진과 병렬로 하이브리드 트랜스 액슬이 존재하기 때문에 PCU가 위로 겹칠 수밖에 없지만, BEV는 모터와 PCU를 횡으로 배치할 수 있어서 짐칸 아래로 들어가는 높이 정도로 맞출 수 있다. 뒷자리를 사용할 때의 짐칸 용량이 VDA방법으로는 171ℓ밖에 안 되지만, 「여유 있는 도시주행」콘셉트로는 충분하다.

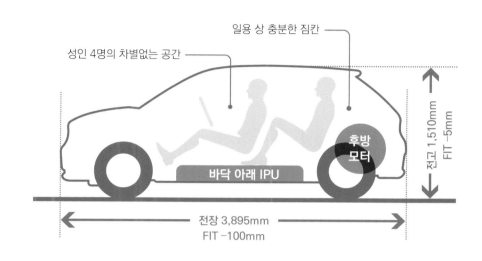

성인 4명의 차별없는 공간
일용 상 충분한 짐칸
후방 모터
바닥 아래 IPU
전고 1,510mm FIT −5mm
전장 3,895mm FIT −100mm

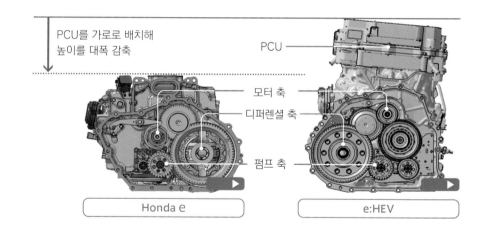

PCU를 가로로 배치해 높이를 대폭 감축
PCU
모터 축
디퍼렌셜 축
펌프 축

Honda e

e:HEV

에 구조적으로 안전하게 해 두는 것이 가장 확실하다고 한다.

하지만 전방이 아니라 후방에 모터를 탑재해도 후방추돌 시험이 있으므로 보디를 연장해야 하지 않을까 하고 생각할지도 모르지만, 안전성 확보에 있어서 후방추돌은 전방충돌보다 장벽이 낮다.

「추돌할 때는 등받이가 탑승객을 잡아주기 때문에 G에 대한 배려가 전방충돌보다

훨씬 쉽습니다. 게다가 추돌할 때는 자신이 정지해 있기 때문에 차량무게 이상의 에너지는 발생하지 않습니다. 에너지를 흡수하기 위한 스트로크가 앞쪽만큼 필요하지 않기 때문에, 초고장력 강판 소재 등으로 모터 주변을 튼튼히 하면 자동차를 크게 하지 않아도 성립되는 것이죠」(이치노세씨)

이것만 들으면 "충돌안전"이라는 소극적 이유로 리어 모터를 선택한 것처럼 들릴지

모르지만 사실은 그렇지 않았다.

「회전반경이 짧아지도록 조향각도를 크게 해주고 싶지만 드라이브 샤프트의 조인트 각도가 한계를 결정하기 때문에 『그런 사양에서는 관절(등속 조인트)이 탈구된다』는 이야기도 있었습니다. 하지만 그런 건 표면적인 이유이고, 사실은 모두 다 『FF에서 315Nm의 토크를 발휘하는 모터로 재미있는 차가 되지는 않는다』고 생각했기 때문에

## 회생 컨트롤 제어와 눈길에서의 테스트 모습

후륜구동 BEV는 뒷바퀴에만 회생 브레이크가 걸리기 때문에 선회할 때 제동이 걸리면 불안정해질 거라 생각하기 쉽지만, 일상에서 사용하는 범주라면 눈길에서도 불안정해질 만큼의 감속 G는 발생하지 않는다. 급제동이 필요할 때는 유압 브레이크와 협조하기 때문에 조건은 ICE차와 별반 다르지 않다. 특히 혼다 e는 오퍼레이션 로드를 모터로 직접 구동하는 전동 부스터를 사용하기 때문에 세세한 제어가 가능하다.

안정적으로 코너링

미끄러지기 쉬운 도로에서 후방 슬립에 따른 요를 감지하면 순간적으로 회생 브레이크와 유압 브레이크의 균형을 최적화

커브로 진입할 때의 제동으로 뒷바퀴의 회생 브레이크가 작동

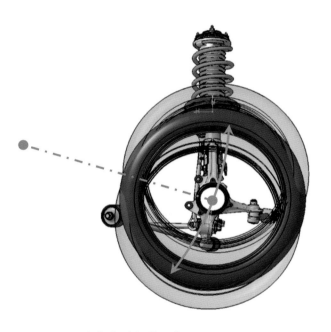

## 후방 서스펜션의 지오메트리

후륜구동 차의 뒤쪽 서스펜션에는 안티스쿼트 지오메트리가 필수. 혼다 e는 스트럿 방식의 레이디어스 암에 받음각(迎角)을 주어 액슬의 요동 중심을 높이는 식으로 대응한다. 이렇게 함으로써 요동 궤적이 뒤쪽으로 올라가게 되고, 돌출물을 타고 넘을 때 액슬은 부딪치면서 뒤로 움직이기 때문에 승차감 성능이 좋아지는 장점도 얻을 수 있다.

『RR로 하자』고 그 장소에서 정해 버렸습니다. 그러니까 『EV에 있어서 구동방식은 무엇이 좋을까』라는 문제 이전에, 자신들이 즐기고 싶어 했던 건지도 모르죠』(이치노세씨)

그런 경위로 RR로 바뀐 혼다 e. 그런데 실제로는 어떤 장점이 있었을까. 성능목표 설정 등을 정리한 신야(新家) 엔지니어에 의하면 「가장 큰 장점은 전후 중량배분 50 : 50이 무리 없이 가능하다는 점입니다. 보조기기들이 앞에 있고, 가장 무거운 IPU(배터리 및 ECU)가 한 가운데 있고, 뒤에 모터가 있으면 그것만으로 거의 50 : 50이 됩니다. 게다가 모터는 엔진보다 낮은 위치에 놓을 수 있기 때문에 무게중심 높이를 낮게 할 수 있다는 장점도 있죠. 무게중심 높이가 낮으면 롤이나 피치 모멘트가 작아지기 때문에, 스프링이나 댐퍼를 부드럽게 할 수 있어서 승차감은 나빠질 리가 없습니다. 또 스티어링 타이로드의 타이어 중심선보다 앞쪽에서의 결속이 가능하기 때문에, 『고품질에 경쾌하다』는 상반된 요소를 양립시킬 수 있어서 ICE차보다 한 수 위의 운동성능을 노릴 수 있다는 점이 후륜구동화를 통해 얻게 된 가장 큰 장점이라고 생각합니다」

「저 정도로 작은 자동차에서 50 : 50의 중량배분이 가능했던 것은 모터를 뒤쪽에 배치했기 때문입니다. 이것을 내연기관으로 하려면 미드십으로 해야 하기 때문에 뒷자리는 희생될 수밖에 없죠. B 카테고리 해치백 차에서 50 : 50, 거기에 S2000 수준으로 무게중심을 낮춘 것은 EV였기 때문에 가능했다고 할 수 있습니다」(이치노세씨)

"EV+후륜구동"이 장점만 있는 것처럼 들리지만, 사실 우려 거리가 있다면 유일하게 회생 브레이크가 그렇다.

「감속 에너지의 회생제어는 개발하기까지 시간이 걸렸던 기술입니다. 뒷바퀴에서 회생을 취할 경우에 타이어 마찰원을 회생하는데 다 사용하면 오버 스티어가 발생합니다. 또 감속할 때의 하중이동을 고려하면 앞에서 회생을 취하는 것보다 이치상으로는 상한이 낮아집니다. 원활한 운전성능을 무시하고 최대 능력치로 회생을 취하려고 하면 315Nm 정도의 브레이크 힘이 나오기 때문에 뒷바퀴에서 다 흡수를 하지 못 하죠」(이치노세씨)

하지만 현실적인 운전영역에서 안정성 확보 때문에 회생량을 줄이지는 않는다.

「회생량과 안정성을 균형 잡는데 고생하기는 했지만, 홋카이도 눈길에서도 필요한 회생을 취하면서 안정성도 확보할 수 있는 제어를 적용할 수 있었습니다. 납득 갈만한 수준에 이를 때까지 몇 개월을 홋카이도에 머물다가 이치노세씨로부터 『언제까지 할 거냐!!』고 한 소리 듣기는 했습니다만」(신야씨)

눈길(일반적으로 $\mu$=0.2~0.3)에서 충분히 회생할 수 있다는 것은 도로가 말랐거나(dry) 젖은(wet) 정로로는 전혀 문제가 안 된다는 걸 뜻한다.

「급제동을 거는 상황은 다른 이야기이고, 통상 주행에서 속도를 줄이는 경우(대부분이 0.15G 이하)라면 회생량을 줄여야 할 일은 없습니다. 그 정도의 감속G이라면 눈길에서도 잠길 일은 없으니까요. 때문에 눈이 많이 내리는 지역에서도 보통 자동차와 별반 차이가 없는 것이죠. 불안정해질 것 같은 경우에서도 유압 브레이크가 잘 걸리는 제어로 전환되니까요」(이치노세씨)

「도호쿠(東北) 지역이나 홋카이도 고객 가운데는 후륜구동 BEV를 걱정하시는 분들도 계시지만, 그런 걱정에 대해서 『안심하고 즐길 수 있습니다』라고 자신 있게 말 할 수 있는 수준입니다」(신야씨)

혼다 e는 싱글 페달 컨트롤도 가능하고, 그때는 회생 브레이크뿐만 아니라 유압 브레이크와 협조제어 한다. 게다가 선회할 때는 물론이고 직진 상태에서의 제동 때도 자세를 만들기 위해서 유압 브레이크를 같이 사용한다.

「싱글 페달 컨트롤을 사용할 때도 앞쪽으로 약간의 유압 브레이크가 걸리게 해서 앞바퀴 하중이 단단히 실리도록 제어하고 있습니다. 뒤쪽에서 너무 당기면 앞쪽이 뜨면서 횡력이 발생하기가 힘들기 때문이죠. 개발 당초에는 뒤쪽 회생분이었는데, 그렇게 해서는 계획했던 즐거움을 낼 수 없었죠. 유럽의 눈 높은 운전자도 『와우!』하고 느낄 만한 성능으로 만들고 싶었기 때문에 그런 것을 하기 시작했습니다」(신야씨)

「유압과 회생을 협조시키는 방법은 피트 EV부터 하고 있기 때문에 원활히 전달할 만한 축적된 노하우가 있습니다. 당시에 『혼다 BEV에서 뒤쳐졌다』고들 했지만 사실은 꽤나 여러 가지를 하고 있었던 겁니다」(이치노세씨)

BEV와 후륜구동의 궁합은 상당히 좋은 것 같다.

「운동성능 외적인 측면에서도 상당히 좋다고 생각합니다. 내연기관 같은 진동소음이 없기 때문에 잡음 측면에서도 깔끔합니다. 그래서 스티어링 감각이나 액셀러레이터 감각도 깔끔하게 만들고 싶었죠. 그런 전체적인 고품질 느낌을 내기 위한 측면에서도, 드라이브 샤프트가 없는 곳에 스티어링 시스템을 배치할 수 있어서, 쓸데없는 진동이 전해오지 않는다거나 구동력 응답성이 높다는 점은 좋은 현상이라고 생각합니다」(신야씨)

「혼다 e는 RR이기 때문에 민첩성을 지향한다고 오해받기 쉽지만, 신야는 『즐거움』을 지향한 것이지 『민첩성』을 계획했던 건 아닙니다. 민첩성을 노렸다면 한계성능만 쫓으면 되죠. 하지만 그 점은 너무 추구하지 않고, 타기 쉽고 재미있고 오랫동안 타고 있어도 질리지 않는 느낌을 중시했습니다. 혼다 e는 RR의 특징을 지금까지와는 다른 방향으로 구현한 자동차라고 생각합니다」(이치노세씨)

PROFILE

**이치노세 도모후미**
(Tomofumi ICHINOSE)

혼다기연공업 주식회사
디지털개혁 총괄부
프로세스개혁부
프로세스기획과
시니어 치프 엔지니어

**신야 다카히로**
(Takahiro SHINYA)

혼다기연공업 주식회사
사륜사업본부
완성차개발 총괄부
차량개발3부 개발관리과
치프 엔지니어

**→ CASE 2**　　　**overseas RWD cars**

# 4륜구동을 선택하지 않은
# 해외 메이커들의 신세대 BEV

기존의 ICE차량을 바탕으로 만드는 것이 아니라, 순수한 BEV로서 새로 개발된 모델에는 후륜구동 타입이 증가해 왔다.
해외 메이커의 주목할 만한 후륜구동 BEV의 플랫폼 특징과 모델 라인업을 살펴본다.

본문 : 오가사와라 린코　사진 : 폭스바겐 / 현대 / 리비안

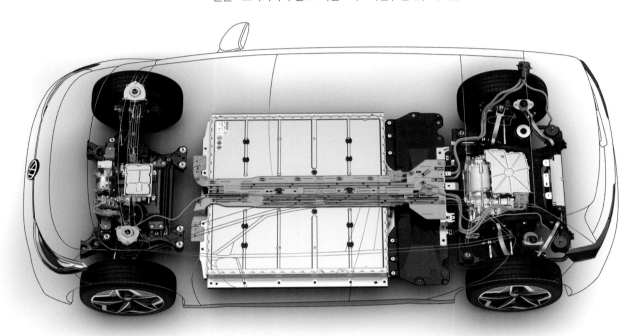

## Volkswagen ID.3/ID.4　　　2018년에 발표된 MEB 적용 모델이 증가 중

VW의 비클 컨트롤러 개발담당자는 「ID.3가 후륜구동인 점은 멋진 일이다. 비틀이나 T3 미니버스 같이 우리가 알고 있던 것으로 돌아간다는 의미니까」라며 ID.3의 핸들링 성능에 관해 언급한 적이 있다. 전륜구동인 국민차 골프에도 EV나 PHEV가 준비되었고, 콘셉트카이기는 하지만 골프 베이스의 FCV도 검토되었다. 하지만 VW은 BEV를 주력으로 바꿀 필요가 있어서 「MQB」와 같은 전략을 BEV에 특화해 적용할 수 있는 「MEB」를 개발했다.

MEB는 항속거리와 공간효율, 운동성능의 동시 실현을 중시했다. 배터리 레이아웃은 MQB 베이스인 e골프보다 효율적으로 바꾸어

탑재량을 확대하면서 50 : 50에 가까운 전후 중량배분과 낮은 무게중심도 계획했다. 엔진이 필요 없는 만큼 프런트 액슬을 더 앞쪽으로 이동시켜 전장에 비해 긴 휠베이스와 짧은 오버행을 실현. 현재 MEB를 적용한 모델은 VW의 ID.3와 ID.4, ID.5, 아우디의 Q4 e트론과 Q4 스포츠백 e트론, 쿠프라(Cupra)의 본(Born)까지 총 6종류이다. 휠베이스를 길게 한 "와겐버스"를 연상시키는 ID.버즈(Buzz) 생산도 시작되었다. 더 나아가 휠베이스를 단축해 MEB로는 처음으로 전륜구동화한 2만 유로의 소형 EV ID.라이프(LIFE)로 2025년에 데뷔할 예정이다.

## Hyundai **IONIQ 5** | 일본에 재상륙한 현대의 최신작

현대자동차 그룹이 RWD/AWD로 만든 BEV 전용 플랫폼 E-GMP가 각국에서 높은 평가를 받고 있다. E-GMP를 적용한 모델 아이오닉 5는 전장이 4635mm인데 휠베이스가 3000mm나 될 만큼 동급 엔진 자동차와 비교해도 상당히 긴 휠베이스이다. 평평한 바닥을 활용한 시트나 센터 콘솔의 배열, 발받침대 등을 통해 쾌적한 실내공간을 연출함으로써, 인테리어 디자인 테마인 「리빙 스페이스(Living Space)」를 구현했다.

2022년 2월말에 발표된 유럽 올해의 차(Car of the Year)는 전동차 이외에도 39대가 후보로 나선 가운데 E-GMP를 사용한 기아자동차의 EV6가 수상했다. 아이오닉 5는 3위를 차지.

## Rivian **R1T/R1S** | 「스케이트 보드」구조를 적용한 BEV 벤처

2021년의 나스닥 상장 첫날에 혼다나 포드의 시가총액을 뛰어넘는 약 859억 달러를 기록하면서 출자자인 아마존 닷컴으로부터 EV 밴 10만대를 수주하는 등, 투자대상으로 주목 받고 있는 리비안. 픽업트럭 R1T와 SUV R1S 두 가지 모델은 고장력 강판이나 알루미늄, CFRP를 조합해 배터리를 보호하는 강화 언더 보디 실드, 거친 노면에서의 응답성이나 안정성을 높여주는 전동유압 방식 롤 제어 시스템, 노면에 맞춰서 감쇠율을 조정하는 액티브 댐퍼 등, AWD인 픽업트럭 및 SUV로서의 성능에 충실했다. 재사용이나 재활용을 전제로 배터리를 차량에서 쉽게 분리하도록 한 점도 독특하다.

# 「스포츠」 후륜구동

## 핸들링 재미를 더욱 갈고 닦은 ICE탑재 차량

본문 : 마키오 시게노 사진&수치 : 스바루 / MFi

**→ CASE 1** ── **SUBARU BRZ**

# 필요한 곳에는 중량을 사용
# 모든 것이 「연결되어」 진화

2세대 스바루 BRZ/토요타 86은 「개성」의 차별화가 명확해졌다.
그 배경에는 초대 모델을 설계할 때는 아직 실용화되지 않았던 보디설계 방법이 있다.

무게중심 높이
456mm (−4mm)*

**최대한 무게중심 높이를 낮춘다.**

FWD/FWD를 베이스로 한 AWD와 달리 ICE 탑재 차의 높이는 한계까지 내려와 있다. 보디의 무게중심 높이도 456mm 밖에 안 된다. 하지만 이 이상 ICE 탑재위치를 낮추면 배기시스템 레이아웃이 어려워진다. 스티어링 기어 박스는 ICE 후방, 변속기 아래에 배치했다. 어시스트 모터를 칼럼 쪽에 둔 이유는 공간이 없어서이다.

스바루는 1958년에 RWD로 4륜 경차 시장에 뛰어들었다. 그때의 스바루 360은 직렬3기통 ICE를 보디 뒤쪽에 가로로 탑재해 뒷바퀴를 구동하는 RWD였다. 하지만 이후의 스바루는 ICE를 세로로 배치하는 FWD(Front Wheel Drive)로 옮겨갔고, 이것을 바탕으로 AWD를 개발한다. 60년 이상의 역사를 가진 스바루의 차량개발 과정에서는 압도적으로 FWD/FWD 베이스의 AWD 모델들이 많다. 다시 RWD를 만들게 된 것은 토요타와 자본제휴를 맺고 난 이후이다. 하지만 이번에는 스포츠 쿠페에

다가, 토요타 엠블럼 모델을 포함해서 개발 주체는 스바루였다.

2세대로 넘어간 스바루 BRZ/토요타 GR86 개발 멤버들 가운데 보디와 섀시, ICE 흡배기 시스템, 차량실험을 각각 담당 했던 멤버들에게 개발 포인트에 관해 물어 보았다. 과연 FWD와 RWD는 어떤 차이점 이 있을까. 양쪽 개발 실무에 정통한 엔지니 어에게 물었다.

먼저 보디이다. BRZ/86은 스바루의 현재 표준 플랫폼인 SGP(Subaru Global Platform)를 주장하지 않는다. 어떤 보디인가.

「초대 BRZ/86은 모든 구동력이 뒤축에 걸리는 방식으로는 처음 개발한 모델이었습니다. 리어 디퍼렌셜, 프로펠러 샤프트, 드라이드 샤프트 등, 뒤쪽의 강성에 대한 내구성이 상당히 혹독하다고 생각했죠. 실제로 300ps의 WRX보다 심했습니다. 그래

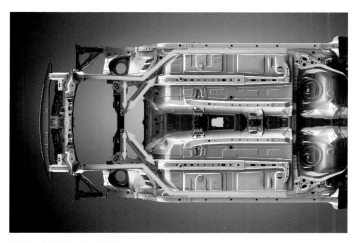

**로드 패스를 똑바로**

전면충돌 시 충돌하중을 분산시키는 멀티 로드 패스는 더 진화하는 동시에, 부분적으로는 약한 부위가 생기지 않도록 설계했다. 경량화는 운동성능에 효과가 있어서 RWD에 필요 없는 것은 배제했다. 전방의 벌크헤드에만 이너 프레임 구조를 적용한 것은 그 때문이다.

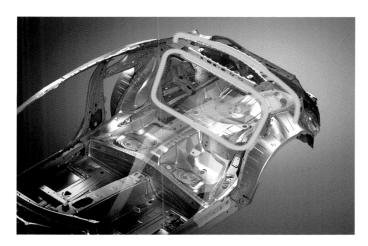

**리어 서스펜션 주변의 고리형상 구조**

C필러 주변은 이너 프레임 구조에다가 FF에서는 불필요한 철저한 보강을 했다. 「초대 모델은 이 부분을 다 잇지 못했다」는 엔지니어의 말이다. 초대 모델을 개발할 때는 보디 후방에 균열이 생기기도 했다고 한다. 그 정도로 RWD의 리어 보디에 스트레스가 걸린다는 사실도 처음 체험하는 것이었다.

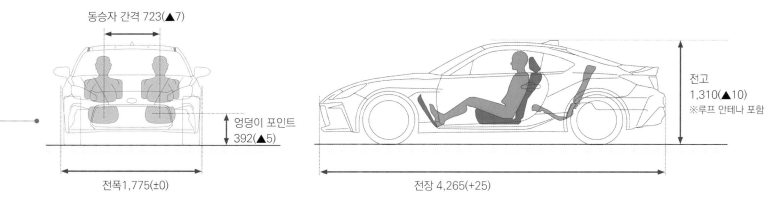

동승자 간격 723(▲7)

엉덩이 포인트 392(▲5)

전폭 1,775(±0)

전장 4,265(+25)

전고 1,310(▲10) ※루프 안테나 포함

**낮고 타이트하게** 무게중심 높이는 「이 플랫폼에서는 이것이 한계」수준의 위치까지 내려왔다. 전고나 운전석/조수석 사이의 거리(Couple Distance)도 줄어들었다. 하지만 전체 배치는 「초대 패키지를 검토할 때 철저히 살펴봤으나 더 개선안을 찾아봐도 결국은 초대 모델의 스펙으로 돌아갔다」고 한다.

서 WRX보다 리어 디퍼렌셜 등은 더 강했습니다. 보디도 보강이 필요했고요. 2세대는 ICE 배기량이 400cc 확대되면서 출력/토크도 높아졌습니다. 먼저 여기에 대응해야 했습니다」

하지만 플랫폼은 선대 것을 유용한다고 들었다. 신규로 RWD용 SGP을 만든 것은 아니다. 어떤 계획이었나.

「어찌됐든 이번에는 상체를 견고하게 만든다, RWD에 필요한 보디 후반의 강도·강성도 나오게 한다, 전방에서 후방까지의 골격구조를 잇는다, 이런 것들이 가장 크게 바뀐 점들이죠. 보디는 다시 만들었습니다. SGP의 요소인 이너 프레임 구조를 넣었죠. SGP라고는 주장하지 않지만 SGP에서 축

## 허브 소재의 차이

BRZ의 앞쪽 너클은 알루미늄 합금제품. GR86은 강도가 높은 주철제품. 강성은 양쪽 모두 똑같지만 스바루는 경량화를 추구해 양쪽 바퀴에서 약 3kg을 줄였다. 반면에 토요타는 스티어링 인포메이션에 주력했다. 이건 성능이 아니라 「달리는 맛」의 차이로 나타난다.

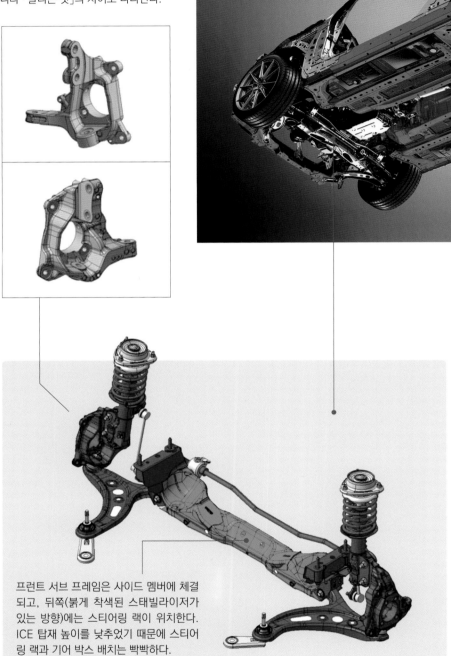

프런트 서브 프레임은 사이드 멤버에 체결되고, 뒤쪽(붉게 착색된 스태빌라이저가 있는 방향)에는 스티어링 랙이 위치한다. ICE 탑재 높이를 낮추었기 때문에 스티어링 랙과 기어 박스 배치는 빡빡하다.

## 프런트 서스펜션

형식은 선대 모델과 같은 스트럿 방식. 댐퍼에는 리바운드 스프링을 내장해 선회할 때 선회 안쪽 바퀴가 잘 뜨지 않는 방향으로 힘썼다. 댐퍼는 앞뒤 모두 쇼와(현:히타치 Astemo)제품. 타이어는 17인치가 미쉐린 프라이머시HP, 18인치는 미쉐린 파일럿스포츠4가 표준이다.

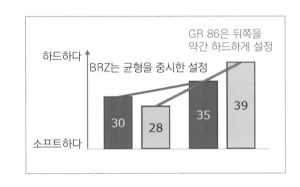

GR 86은 뒤쪽을 약간 하드하게 설정

BRZ는 균형을 중시한 설정

하드하다

소프트하다

30  28  35  39

## 앞뒤 균형의 「맛내기」

위 그림의 숫자는 스프링 레이트(N/mm=스프링을 1mm 좁히는데 필요한 힘)이다. 뒤쪽을 튼튼히 잡아주는 GR86과 달리 BRZ는 「눈길에서도 안심이 되는 조향감각과 자세변화」를 겨냥했다. BRZ의 스프링 레이트와 댐퍼 감쇠값은 1세트만 조합된다. 사양차이에는 스프링의 높이로 대응한다.

---

적해 온 노하우와 요소를 기존 BRZ 플랫폼에 투입했습니다. 선대 보다는 이미 설계 이후 10년 이상을 경과한 상태입니다. 10년 정도의 노하우 차이는 크죠. SGP에서 채택

한 부분적으로 약한 점이 안 나타나는 골격 구조, 진동 『마디』가 안 나오는 골격 개념을 넣은 겁니다. 서스펜션이나 드라이브 샤프트 등의 기본 구성요소는 선대 것들을 강

화해서 사용하고, 후방 서브 프레임은 판 두께를 늘려서 전체적으로 2kg이 무거워졌습니다」

보기에는 많이 닮았어도 신형 리어 서스

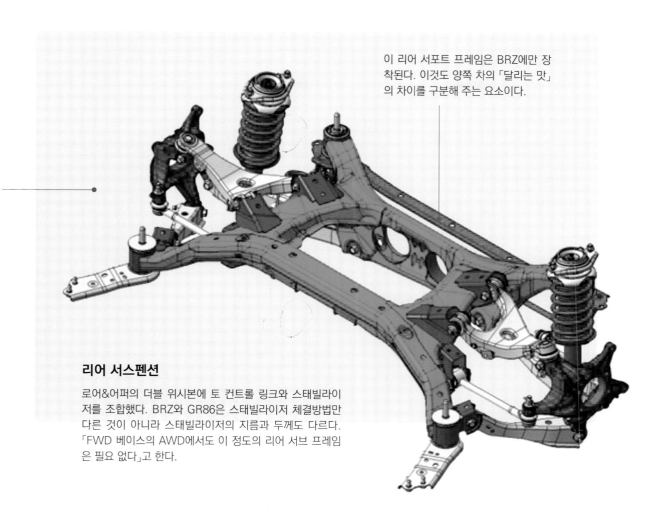

이 리어 서포트 프레임은 BRZ에만 장착된다. 이것도 양쪽 차의 「달리는 맛」의 차이를 구분해 주는 요소이다.

**리어 서스펜션**

로어&어퍼의 더블 위시본에 토 컨트롤 링크와 스태빌라이저를 조합했다. BRZ와 GR86은 스태빌라이저 체결방법만 다른 것이 아니라 스태빌라이저의 지름과 두께도 다르다. 「FWD 베이스의 AWD에서도 이 정도의 리어 서브 프레임은 필요 없다」고 한다.

펜션 프레임을 구성하는 프레스 판은 부위마다 0.2mm, 0.4mm 식으로 게이지(판 두께)를 높였다. 들어보니까 선대 보디는 2.0ℓ의 출력/토크에 딱 맞춘 설계였기 때문에 「불필요한 두께 없이 가볍게 만들었다」고 한다. 반면에 ICE의 출력/토크 증가에 대해서는 여유가 없어 MC(마이너 체인지)할 때마다 대응했다.

「RWD의 장점을 발휘하게 하려면 FWD와 골격을 공유해 불필요한 것을 없애주는 것이 좋습니다. 이번 FMC(Full Model Change)에서 심혈을 기울인 것은 무게입니다. 배기량 400cc가 올라가도 선대의 무게를 사수하겠다는 것이 목표였죠. 충돌 안전 대책이 추가되면서 아무래도 전방 쪽이 무거워졌습니다. 전방에 있는 중량물을 뒤로 옮긴다던가, 배터리도 뒤로 배치한다

던가, 초기 검토 때 여러 가지를 생각했지만 그렇게 하려니까 전체적으로 무거워지더군요」

무게를 관리하기 위해서 전문 책임자를 배치했다고 한다. 모든 파트의 무게를 몇 차례 보고하게 해서 전체 무게를 관리하는 한편, 개발진 전원에게 이 테마를 공유했다. 거기에 전체적인 무게 균형에 주의하면서, 정지 상태에서의 앞뒤축 중량배분 목표도 사수한다. 그리고 무게중심 높이. 스포츠카는 무게중심을 최대한 낮추는 것이 좋다. 최종적으로 선대보다 무게중심 높이가 4mm 내려갔는데, 이 4mm는 무게 관리를 엄격하게 한 결과물이다. 또 담당 엔지니어에 따르면 「보디 후방의 경량화 아이템이 거부당한 적도 있다」고 한다. 경량화도 중요하기는 하지만 그 이상으로 앞뒤 무게균형을 중시했

다는 뜻이다. RWD는 필연적으로 보디 후방이 무겁다. 경량화는 크게 환영받아야 할 일이지만 이런 에피소드가 나올 정도로 무게 관리가 엄격했다.

한편, 섀시 쪽 세팅은 스바루로서는 처음으로 눈길을 메인으로 해서 이루어졌다. 그 이유를 다음과 같이 말한다.

「눈길에서 뒤쪽에서만 민다는 차원에서는 우선 미끄러지기 전이 중요합니다. 보통의 운전자는 눈길에서 스티어링을 별로 돌리고 싶어 하지 않기 때문에 조향 응답성을 높이면 안심감으로 이어지죠. 일단 이 부분을 해결해야 했습니다. 하지만 아무리 해도 미끄러져서 슬립 시작을 완화시키는 쪽으로 했습니다. 갑자기 미끄러지는 것이 아니라 슬며시 미끄러지고 난 다음에 트랙션이 걸리도록, 통제하기 쉽도록 한 것이죠. 프런

### 스태빌라이저 고정방법

BRZ의 스태빌라이저 브래킷은 서브 프레임과 함께 볼트를 사용해 보디에 체결된다. GR86(옆 그림)에서는 서브 프레임에 용접된 브래킷이 받쳐준다. 후방의 댐퍼 감쇠력 설정이나 스프링 정수와 더불어 리어 서스펜션 세팅은 제각각 특징이 있다. 아래 사진은 어퍼 암 브래킷.

### 드라이브 샤프트의 고정

드라이브 샤프트는 ICE의 배기량 확대에 맞춰서 강화되었지만, 조인트 관련 개량을 통해 전체적으로는 1.6kg이 가벼워졌다. 이렇게 새로운 드라이브 샤프트의 중량증가를 보완했다. 후방의 서브 프레임은 각 부분의 판 두께를 키워서 리어 디퍼렌셜과 서스펜션을 받쳐준다.

트 허브에 알루미늄 합금제 하우징을 사용해 선대보다 부드럽게 걸리도록 했습니다」

실무 담당자한테 물으니 「주행성능을 조율하는데 있어서는 AWD가 익숙합니다. RWD는 눈길 세팅이 가장 어렵습니다. 그래도 눈길에서 안심하고 재미있게 달리도록 하는데 이번에 가장 신경을 썼죠」라고 말한다. 그리고 의외로 눈길 세팅에서도 공력의 영향이 크다고 한다.

「처음에 실험차량을 달리게 했을 때, 보디 특성은 좋다고 생각했습니다. 하지만 전체로서의 달리는 맛은 그다지 좋은 인상이 아니었죠. 그런 이유 가운데 하나가 공력이었

습니다. 이번 FMC에서는 일본의 겨울을 3번 경험했는데, 첫 겨울 때는 혼쭐이 났습니다. 테스트 코스의 마른 노면에서는 좋다고 생각했던 공력 균형이 눈길에서는 무너져버린 거죠. 첫 해째는 NG, 2년차 때는 개선, 3년차에 가서야 비로소 완성된 느낌이었죠」

범퍼는 수지 부품이기 때문에 양산사양 결정이 스프링이나 댐퍼보다 빠르다. 마른 노면에서 확인하고 눈길로 가져갔더니 NG, 3D 프린트로 개량부품을 만들어 장착한 다음 조종안정성을 검토하고, 다시 개량한 시작품을 장착하는 식의 테스트를 반복했다고 한다.

「앞쪽 주변은 상당히 타이트합니다. 3D 프린트로 만드는 부품 하나도 설계와 디자인 부서의 협력을 받았죠. 만들고 장착하고 달리면서 확인하는 반복의 연속이었습니다. 양산 타입은 전방 범퍼 덕트에 공력 결(Texture)을 넣었는데, 이것도 몇 가지 패턴을 준비했죠. 공기가 들어가는 방식과 나가는 방식을 여러 가지로 연구했습니다. 특히 눈길에서는 코너에 진입할 때의 턴 인 초기 움직임이 중요한데, 여기서 선회하는 자세의 균형을 잘 만들어야 합니다. 다운포스를 조금 강하게 하면 균형이 나빠지고, 반대로 다운포스가 조금 부족하면 앞쪽이 들리

게 됩니다」

아마도 스바루가 꿰뚫고 있는 AWD라면 앞에서 끌고 뒤에서 밀어주는 트랙션 밸런스도 주행성능을 도와줄 것이다. 하지만 RWD에서 전륜은 조향에만 철저하다.

「뒤쪽에서는 휠 아치의 핀 부분이나 리어 콤비네이션 램프의 핀 개수와 형상도 음미했던 부분입니다. 너무 많이 깔끔하게 공기를 흐르게 하면 좋지 않다거나, 반대로 난류가 심해도 안 좋아서 그 균형을 잡기가 어려웠습니다. 앞쪽이 들리는 것만 문제가 아닌 것이죠. 이 대목은 AWD도 관련된 부분이지만, RWD에서는 상당히 민감하더군요. 눈길에서는 말할 필요도 없고요」

초대 모델의 마이너 체인지(MC) 때는 손쉬운 드리프트를 겨냥했다. 하지만 FMC 때는 이 방향을 수정했다.

「뒤쪽이 흐트러지면서 드리프트할 것 같은 불안정한 느낌이 남아 있었기 때문에, FMC 때는 이 부분을 개량했습니다. 보디가 좋아진 것이 효과를 발휘한 겁니다. 뒤쪽을 힘껏 버티게 하고 앞쪽을 조향시켜서 돌게 하는 세팅이 가능했습니다. 보디가 튼튼하니까 하체 완성도도 높아집니다. 하지만 너무 과도하면 일상 영역에서 다루기가 힘들기 때문에 그 점은 신경을 썼습니다. 처음부터 요가 발생하도록 하는 것이 아니라 롤이 나오게, 하지만 요의 상승도 알기 쉽게 말이죠」

또 하나, EPS(Electric Power Steering)가 있다. 실험 담당자는 「양산차량 가운데 눈길에서 EPS를 튜닝한 것은 처음이라고 생각합니다. 메인이 눈길에서의 조향감이었죠」라고 한다.

「RWD이기 때문에 뒤쪽이 미끄러졌을 때의 스티어링을 수정하는 빈도가 눈길에서는 많아집니다. 마른 노면에서는 스티어링의 강성감이 발휘되도록 하고 싶지만 그렇게 하면 눈길에서 카운터 스티어를 맞출 때 되돌리기가 어려워집니다. 강성이 방해가 되는 것이죠. 그렇기 때문에 턴 인이나 수정 조향 초기의 움직임을 부드럽게 했습니다. 그 결과 마른 노면에서도 타기가 쉬워졌죠」

근래에 EPS 제어는 중립부근에 불감 영역(말하자면 유격)을 안 만들고, 운전자가 돌리기 시작하면 바로 어시스트를 증대시키는 사례가 늘었다. 스바루 측에 물었더니, 「이 자동차에서도 불감 영역을 만들지 않았습니다」라고 한다. 다만 어시스트 증대를 완만히 했다.

「그래프로 그린다면 V자가 아니라 U자 같은 이미지입니다. 단번에 증폭(Gain)이 상승하는 제어가 아니라 초기 게인은 작게 하지만 지체는 없이, 이런 것을 노렸죠」

필자가 궁금한 점이 한 가지 있었다. 과연 건식 윤활(Dry Sump)이라는 선택지가 있었을까. 오일 팬을 없애면 ICE 탑재 높이를 더 낮출 수 있을 것이다. 이것은 무게중심을 낮추는데 효과가 있다.

「물론 이번 FMC에서는 드라이 섬프도 검토했습니다. ICE 마운트의 탑재위치는 선대와 똑같지만, 더 낮추는 검토도 했죠. 거기서도 드라이 섬프를 생각하기는 했습니다」

채택하지 않은 이유는?

「애초에 ICE 탑재위치를 낮춘다는 목적은 아니었습니다. 목적은 무게중심을 낮추는 것이라, 드라이 섬프로 해서 오일 팬을 없애고 낮출 수 있는 치수하고, 드라이 섬프로 한 결과 오일펌프와 리저브 탱크의 추가, 거기에 증가되는 오일 양 등을 감안하면 이것들을 낮은 위치에 배치하는 레이아웃이 불가능했죠. 우측 핸들 같으면 좌측 핸들 때의 배터리 위치 정도밖에 선택지가 없습니다. 그런 레이아웃들도 여러 가지로 검토했지만, 결과적으로 무게가 늘어나면서 무게중심이 높아지더군요. 이 자동차에서는 거기까지 검토해서 채용하지 않았던 겁니다. 완전히 새로운 플랫폼을 준비할 수 있다면 얘기는 또 다른 차원이 되겠죠」

초대 모델을 설정하던 시점부터 10년이 흐르면서 여러 가지 해 보고 싶은 것들, 해야 할 것들이 나타났다. 하지만 그런 것들을 진지하게 검토하고서 레이아웃을 생각했지만, 검토가 진행됨에 따라 「점점 선대 패키징과 비슷해져 갔다」고 한다. 이 대목이 상당히 흥미롭다. 그만큼 선대 모델이 잘 구성되었다는 의미이다.

스바루 BRZ/GR86의 FMC에서 또 다시 RWD의 노하우를 늘려갔다. 「왜 RWD가 필요한가」라는 목소리도 들리지만, 어느 식으로든 경험이나 노하우는 소형 배터리EV를 만들 때 살아나리라 생각한다. 경험이 있고 없고는 천양지차인 것이다.

**→ CASE 2**     **MAZDA ROADSTER**

# 후방 바퀴속도 차이에 맞춰서 제어하는 KPC
# 그 포인트는 서스펜션 지오메트리에 있었다.

새로운 하드웨어 추가는 물론이고 1g의 무게 증가도 없이,
서스펜션 지오메트리와 미세한 제동력의 시너지만으로 빠른 속도로 선회할 때 차체가 뜨는 현상을 억제한다.

본문 : 세라 고타  사진 : MFi  사진&수치 : 마쯔다

마쯔다는 2021년 12월 16일에 로드스터를 개량했다. 차량 무게에서 유래된 990S(특별사양 자동차)를 설정한 것도 뉴스거리이지만, 본지가 주목한 것은 새로운 기술인 KPC(모든 차종에 표준 장착)이다. KPC는 운동학적 자세 제어(Kinematic Posture Control)의 약자를 딴 것이다.

「(경량 콤팩트한 FR의) 로드스터다운 경쾌한 주행이라든가, 자동차에서 전해지는 풍부한 피드백과 인포메이션은 그대로 유지하면서, 더 빨라진 고속·고G 영역에서도 운전자의 뜻대로 달리는 즐거움을 맛보았으면 하는 기분으로 이번 기술 개발에 임했습니다」

마쯔다에서 차량개발본부 조종안정 성능개발부 주사로 근무하는 우메즈 다이스케(梅津 大輔)씨의 설명이다. 로드스터는 저속에서도 충분히 재미있게 즐길 수 있는 캐릭터라는 인식이 강해서, 일본뿐만 아니라 전 세계적으로도 독자적인 영역을 구축하면서 선호받고 있다.

### 0.3 이상의 횡G에서 후방내륜 쪽을 미세하게 제동

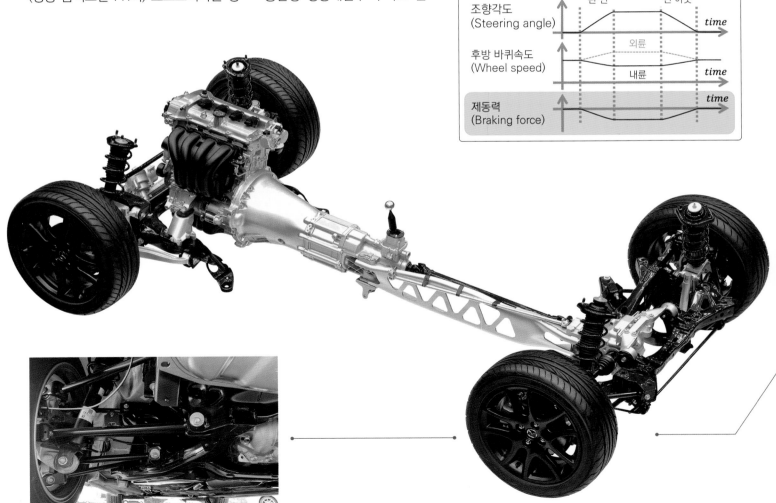

조향각도 (Steering angle) — 턴 인 — 턴 아웃 — time
후방 바퀴속도 (Wheel speed) — 외륜 / 내륜 — time
제동력 (Braking force) — time

다만 독일에서는 고G 영역이 조금 부족하다는 지적을 받았던 것도 사실이다.

「이번에는 로드스터가 애초부터 장점으로 갖고 있는 저속에서의 재미나 부드러움을 전혀 바꾸지 않고, 무게 증가 없이 고속·고G 영역을 안정화시키려면 어떻게 해야 할지를 고민하면서 개발했습니다. 마쯔다 로드스터 사상 가장 크게 진화된 점이라고 생각합니다」

안티리프트 힘

제동력

### 요 운동에 영향을 주지 않고 선회할 때의 히브(heave)를 억제한다.

← 그림에서 안티리프트 힘이 발생하는 점이 가상의 순간회전중심이다. 멀티링크 방식 후방 서스펜션의 링크 배치에 의해 결정되며, 현행 4세대 ND로드스터는 선대 NC로드스터보다 안티리프트 각도를 크게 설정했다. 이 특성을 살려서 고G로 선회할 때 선회하는 내륜 쪽만 미세한 제동력을 걸어줌으로써 안티리프트 힘, 즉 차체를 끌어내리는 힘을 발생시켜 히브(차체 부상)를 억제한다. 그로 인한 요 모멘트 발생은 무시할 수 없는 수준이다.

## KPC(Kinematic Posture Control)의 제어 논리

↓ 로드스터에는 오픈 디퍼렌셜 설정과 LSD 설정이 있다. 둘 다 같은 제어논리가 적용된다. 좌우바퀴의 회전차이, 즉 내·외륜의 바퀴속도 차이를 감지해 선회하는 내륜 쪽에 제동력을 직접적으로 걸어준다. 전자제어이기는 하지만 LSD의 차동제한처럼 기계적으로 작동한다. 선회할 때 차동 제한력이 발생하는 LSD 차 같은 경우는 그립 영역에서도 좌우바퀴의 회전차이가 억제되기 때문에 KPC의 차동도 약하다. 잠김 비율이 높은 LSD로 교환했을 경우는 그 특성에 맞춰서 KPC가 작동한다.

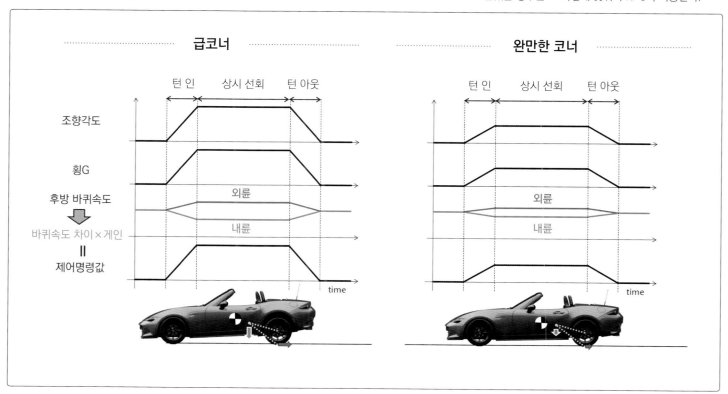

KPC OFF

KPC ON

**스티어링의 조향각도가 아니라
내외 타이어의 바퀴속도 차이로 감지**

사진은 이즈 스카이라인 내의 코너 길. KPC는 이런 코너를 돌아가는 상태에서도 작동해 차체 부상을 억제한다. 후방 내륜의 제동력은 후방 좌우의 바퀴속도 센서로부터 측정된 내·외륜의 바퀴속도 차이를 측정해 결정한다. 이 바퀴속도 차이에 기초해 선회 상태를 감지한다. 바퀴속도 차이가 작으면 완만한 코너(횡G=작음)라고 판단해 부가 제동력을 작게, 바퀴속도 차이가 크면 급코너(횡G=큼)라고 판단해 강한 제동력(절대치로서는 작다)을 걸어준다.

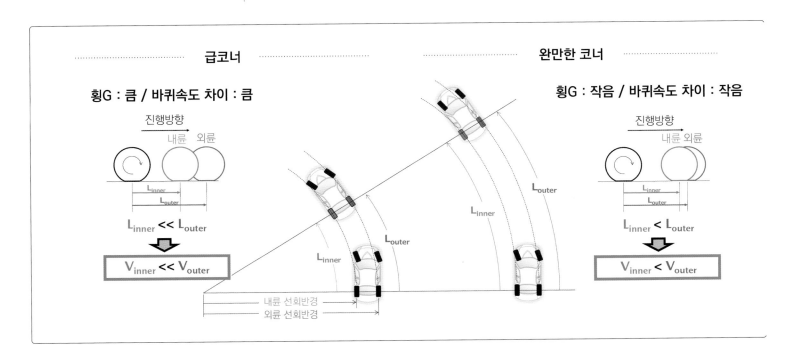

저속영역에서의 경쾌함이나 재미는 그대로 유지하면서도, 고속·고G 영역까지 재미나 안심감을 느끼도록 확장했다는 것이다.

KPC는 후방 서스펜션의 지오메트리를 적절히 활용해 자세를 제어하는 기술이다. 현행 ND로드스터의 후방 서스펜션은 멀티링크 방식이다. 너클을 시계라고 여기고 옆에서 봤을 때, 2시와 4시, 6시, 8시, 10시 위치에 링크가 체결되는 방식이다. 위쪽(2시와 10시), 아래쪽(4시와 8시) 모두 2개의 링크로 구성되는 더블 위시본+토 컨트롤 링크(6시)로 이루어진 구성이라고 생각하면 된다. KPC 효과는 ND로드스터가 애초부터 갖추고 있는 안티리프트 각도가 강한 서스펜션 지오메트리(위 그림 참조)를 이용한다. 2시 & 10시, 4시 & 6시 레이아웃을 통해 가상의 순간회전중심이 정해지고, 이 가상의 순간회전중심이 높은 위치에 있을수록 타이어 접지지점과의 각도가 커지면서 가상 순간회전중심에서 발생하는 제동 시의 안티리프트 힘(차체를 끌어내리는 힘)이 커진다.

「첫 번째 포인트는 뒤쪽의 안티 리프트 지오메트리입니다. ND로드스터 같은 경우는 가상의 트레일링 포인트를 확실하게 높이 설계했습니다. 이전 모델인 NC로드스터보다 안티리프트 각도를 더 강하게 준 기하학적 구조(Geometry)인데, 제동 시 자세를

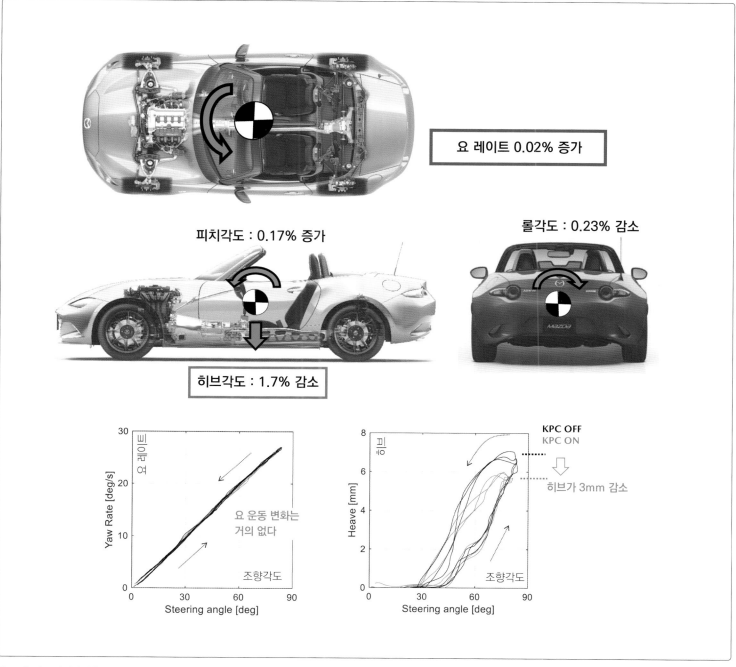

요 레이트 0.02% 증가

피치각도 : 0.17% 증가

롤각도 : 0.23% 감소

히브각도 : 1.7% 감소

KPC OFF
KPC ON

히브가 3mm 감소

요 운동 변화는 거의 없다

조향각도

조향각도

위 그래프는 실제차량을 통해 KPC의 차량운동 효과를 계측한 것이다. 왼쪽은 조향각도에 대한 요 레이트 응답을 나타낸다. 적색(KPC 온)과 흑색(KPC 오프) 선이 겹쳐 있다는 것에서 요 모멘트 효과가 전혀 없다는 사실을 알 수 있다. 오른쪽은 온·오프에 따른 히브(heave)를 계측한 것이다. KPC가 작동할 때는 차고가 전체적으로 3mm 정도 감소한다는 사실을 나타낸다. 약간의 차이밖에 안 나지만 실제로 운전할 때의 감각 차이는 크다.

안정시키려는 목적 때문입니다. KPC는 그 기하학적 구조를 잘 활용한 것이죠」

원래부터 강한 안티리프트 지오메트리였기 때문에 목적한 자세를 제어할 수 있는 기술 적용이 가능했다. 뒤집어 말하면 안티리프트 지오메트리가 약한 후방 서스펜션은 그다지 효과를 기대하기가 힘들다는 뜻이다.

안티리프트 힘(차체를 끌어내리는 힘)은 제동력이 발생하면서 같이 일어난다. KPC는 이것을 선회할 때 선회내륜 쪽에서 발생시킨다.

「G가 조금 강하게 걸리는 코너링 때, 안티리프트의 지오메트리를 활용해 후방 내륜 쪽을 아주 약간만 제동해 롤을 억제하면서 차체 전체를 끌어내립니다. 그러면서 뜨는 것을 막아 선회자세를 안정화 시키는 것이죠. 세계 최초의 기술로서, 서스펜션 구조에 변경은 없습니다. 원래부터 로드스터가 가진 서스펜션 구조를 최대한으로 활용해, 중량증가 제로 상태에서 G가 높을 때의 자세를 안정화시키는 기술입니다」

KPC는 뒷바퀴의 좌우 속도차이로부터 선회 상태를 실시간으로 검출한 다음, 속도차이에 맞춰서 직접적으로 제동력을 강화한

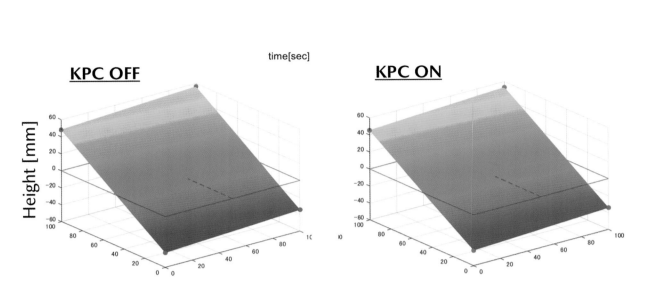

**KPC OFF**          **KPC ON**

time[sec]

오른쪽으로 선회할 때 지면 대비 차량 네 귀퉁이의 차고를 나타낸 그래프. 우측상단 각도가 선회하는 내륜에 해당하는 우측 앞바퀴. KPC가 작동할 때는 차고가 전체적으로 낮게 억제된다는 점을 나타낸다. KPC가 오프일 때는 0인 평면보다 들뜨지만 KPC가 온일 때는 가라앉는다. 그림 상으로는 약간이지만 이 차이가 실제로는 크게 나타난다.

다. 좌우바퀴의 속도차이는 ESC장치(보쉬 ESP9)에서 사용하는 바퀴속도 센서를 사용하는데, 파워트레인 컨트롤 모듈에서 내륜 제동을 계산해 ESC장치로 제동력 지시를 보냄으로써 내륜을 제동하는 식이다. KPC를 적용한다고 ESC 사양을 바꿀 일은 없다. 그대로 사용한다.

우려했던 점은 매우 낮은 액 압력이었다고 한다. KPC 작동으로 발생하는 액 압력은 ESC 작동 시 발생하는 액 압력의 10분의 1 이하. 최대 액 압력은 0.3MPa밖에 안 돼서, 이 영역의 미세한 제어성능을 보증할 수 있을지 어떨지 확증이 없었다. 이 부분은 마쯔다에서 여러 번의 검증을 통해 기존 장치가 충분히 분해능이 있다는 점을 확인함으로써 확실히 보증하기에 이르렀다.

바꿔 말하면 그만큼 낮은 액 압력으로도 충분한 효과가 있다는 의미이다. 감각적으로는 브레이크 페달에 발을 얹어놓은 정도

의 제동력이다. 선회하는 뒤쪽 내륜에 약간의 제동력을 가해 안티리프트 힘(차체를 끌어내리는 힘)이 작용하면서 선회 중에 뜨는 현상을 억제한다. 반경 30m 코너를 55km/h로 진입해 횡G=0.8G 시점에서 KPC가 있고 없고를 비교하면, 있을 때는 뜨는 현상이 1.7% 감소했다는 계측결과도 얻었다고 한다.

선회하는 내륜에 브레이크를 건다고 들으면 요 모멘트 제어를 연상하고 싶어지지만, 앞 조건에서의 요 레이트 증가가 0.02%에 지나지 않아서(부상방지 효과의 1/100 정도의 영향이다) 무시해도 될 만한 수준이다.

저·중속 코너가 이어지는 시즈오카현의 이즈(伊豆)스카이라인에서 KPC가 있을 때와 없을 때를 비교 시승해 보았다. KPC는 횡G=0.3G 이상에서 작동한다는 설명이었다. G-Bowl 어플에서 운전 중일 때의 G를 조수석에 있는 사람에게 확인해 달라고 하

면서 달렸더니(실제 횡G보다도 약간 높게 표시된다), 자신은 코너를 가볍게 통과할 생각이라도 0.3G 이상의 횡G가 발생한다는 사실을 알게 된다. KPC는 전자제어이기는 하지만 실제로는 LSD가 작용하듯이, 선회 상태에 맞춰서 기계적일 뿐만 아니라 즉각 작동한다. ABS나 ESC처럼 제어개입에 따른 위화감을 느끼게 하지는 않는다.

「있고」「없고」를 비교 시승해 보면 있을 때가 안심하고 코너로 들어갈 수 있다. 없을 때는 차체가 앞부터 뜨는 것이 아닌가 하는 불안감을 느끼지만, 있을 때는 그런 느낌 없이 자세가 안정적인 느낌이라(불과 몇 mm 차이뿐인데도) 자신을 갖고 기분 좋게 코너로 진입할 수 있다.

「롤 감각에서 중요한 것은 롤이 아니다. 피치와 부상(浮上)이다」란 말이 실감나는 경험이었다.

# 왜, CVT인가

## 다이하츠 하이젝과 아트레이의 신형 변속기에 담긴 혁신적 구조

CVT인데 전·후진 전환용 유성기어 장치 같은 것이 보이지 않는다.
있는 것이라고 해야 헬리컬 기어와 습식다판 클러치 세트 2개. 도대체 어떤 구조로 만들어진 것일까.
경트럭에 무단변속기를 장착한 것만으로도 놀라운 이 장치에 관해 엔지니어한테 들어보았다.

본문 : 안도 마코토　사진&수치 : 다이하츠

## Specifications

1차감속비·전진 : 1.486
1차감속비·후진 : 3.090
바리에이터 변속비 : 2.340~0.421

2차감속비 : 1.321

총감속비·전진 : 4.380~0.826
총감속비·후진 : 4.083
총변속비 폭·전진 : 5.302

총감속비 : 4.875

차량 총감속비·전진 : 21.352~4.026
차량 총감속비·후진 : 19.904

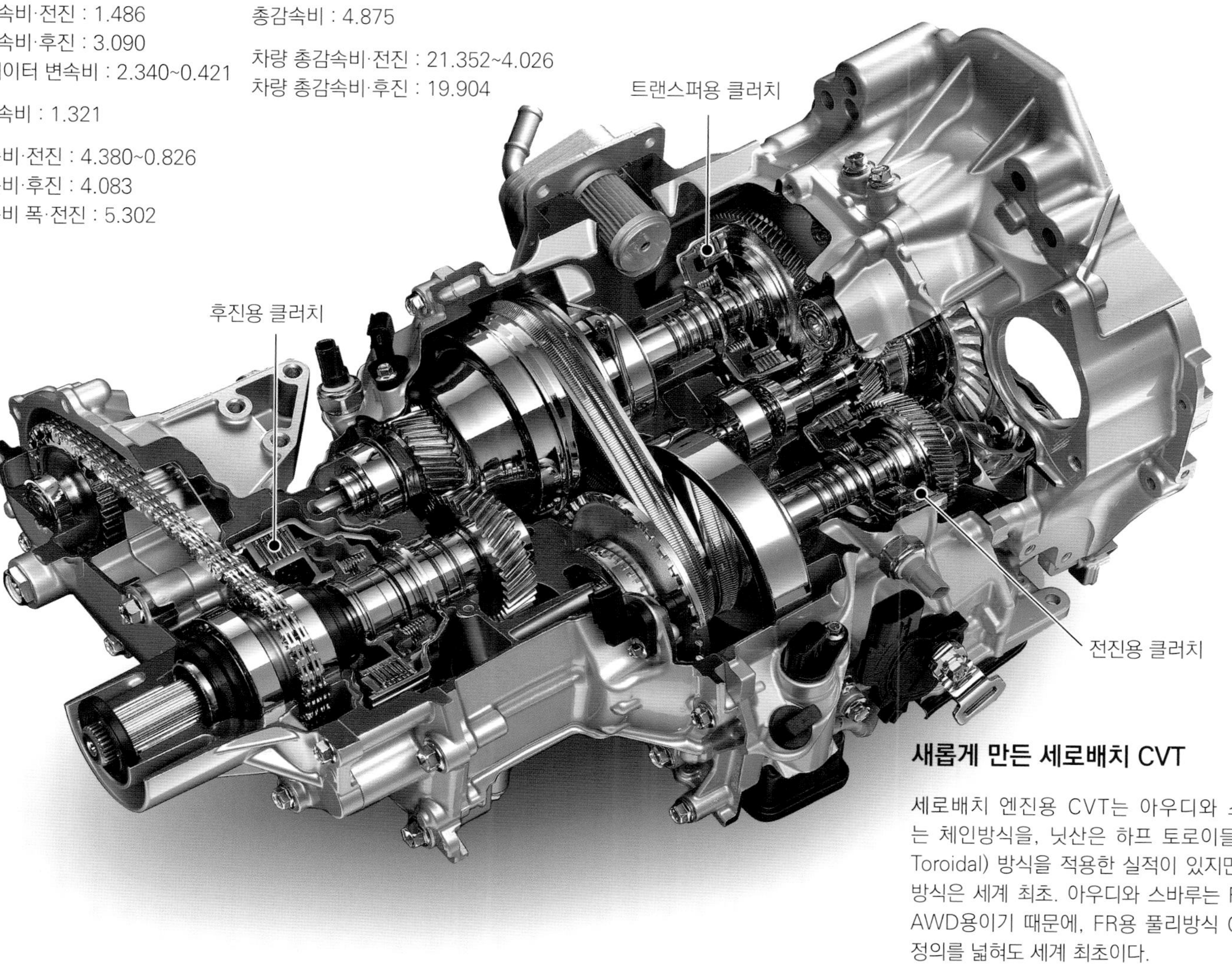

트랜스퍼용 클러치

후진용 클러치

전진용 클러치

### 새롭게 만든 세로배치 CVT

세로배치 엔진용 CVT는 아우디와 스바루는 체인방식을, 닛산은 하프 토로이들(Half Toroidal) 방식을 적용한 실적이 있지만 벨트방식은 세계 최초. 아우디와 스바루는 FWD/AWD용이기 때문에, FR용 풀리방식 CVT로 정의를 넓혀도 세계 최초이다.

2021년 12월, 다이하츠가 경량 캡오버 최초로 FR용 벨트방식의 CVT 양산을 시작했다. 게다가 상용차 용도라는 점도 흥미롭다. 무슨 목적이었을까. 파워트레인 기획실의 시마모토ECE와 제품기획부의 마츠모토ECE로부터 이야기를 들을 기회가 있었다. 그 전에 더 깊은 이야기를 이해하기 위해서라도 독자 여러분과 함께 기본적인 구조가

어떤지를 먼저 이해하고 넘어가도록 하자.

위 커팅 모델은 우측이 엔진과 연결되는 면, 좌측이 프로펠러 샤프트와 접속하는 방향이다. 엔진에서 오는 입력 축 양쪽에는 풀리의 프라이머리 축과 세컨더리 축이 배치되어 있다. 아래쪽이 프라이머리 축이고 위쪽이 세컨더리 축으로, 양쪽 모두 입력 축과는 기어로 맞물린다. 세컨더리 축과의 사이

에는 아이들러 샤프트가 있고, 회전방향은 반대이다.

프라이머리 축과 프라이머리 풀리 사이 및 세컨더리 축과 세컨더리 풀리 사이에는 습식다판 클러치가 있어서 한 쪽이 맞물리면 다른 쪽은 풀리도록 제어가 이루어진다.

전진할 때는 프라이머리 축 쪽 클러치를 맞물리게 해 풀리에서 벨트를 경유해 세컨

더리 쪽으로 동력을 전달한다. 세컨더리 축에서 오는 출력은 2차 감속되어 출력 쪽으로 전달된다.

후진할 때는 세컨더리 쪽 클러치를 맞물리게 하고 프라이머리 쪽을 풀어준다. 입력 축에서 오는 회전력은 아이들러 샤프트로 역전시켜 세컨더리 샤프트로 전달. 세컨더리 축 후단의 리덕션 기어를 통해 출력 축으로 전달된다.

덧붙이자면 이 커팅 모델은 4WD 사양이기 때문에, 출력축 뒷부분에는 전륜으로 구동력을 전달하는 트랜스퍼가 붙어 있다. 구조는 습식다판 클러치 방식으로, 체인을 매개로 전륜출력 축으로 구동력을 전달한다.

이상과 같이 기본구조와 토크 흐름을 이해한 상태에서 더 상세한 이야기를 들어보겠다. 먼저 FR용으로 CVT를 개발한 목적부터 들어보았다.

「먼저 연비성능 향상입니다. 22년도부터 상용차에도 CAFE(Corporate Average Fuel Efficiency=기업평균연비) 규제가 적용되기 때문에, 거기에 대응할 필요가 있었습니다」(시마모토씨)

하지만 그것뿐이라면 유성기어 방식 AT인 다단화로도 대응할 수 있을 것 같은데, 굳이 CVT를 선택한 이유는 무엇인가.

「스텝(有段) 방식 AT와 CVT를 비교검토한 결과, 배기량 1.5리터 이하는 CVT가 유리하다는 결론을 내렸죠. 특히 하이젯처럼 토크 웨이트 레이쇼(엔진토크 당 차량중량 비율)가 크고, 전면 투영면적도 커서 주행저항이 큰 자동차 같은 경우는 레이쇼 커버리지(변속비율 폭)를 확대해도 혜택이 작다는 이유도 있습니다. 또 경상용차는 변속 충격에 의한 화물의 적재붕괴 문제도 있기 때문에 CVT를 적용해 적재붕괴를 방지함으로써 운전자의 부담을 줄여줄 것으로 생각했습니다」(시마모토씨)

자연흡기 엔진 자동차에 최대로 적재하면 엔진이 고회전까지 돌고나서 변속하기 때문에, 유단AT는 변속충격을 강하게 받기 쉽다. 이것이 둥근 형상이 많은 농산물에는 안 좋게 작용한다.

그런데 이유는 그분만이 아니었다.

「3기통 엔진의 연소 1차변동은 엔진 1회전 당 1.5회이기 때문에 0.667회전에 1회 주기로 변동이 발생합니다. 아웃풋 축 상에서는 감속비의 역수가 되기 때문에, 다이하츠의 기존 4단AT처럼 4단이 0.696일 때는 아웃풋 축 상의 회전변동이 약 0.958회전(0.667/0.696) 주기가 됩니다. 그러면 프로펠러 샤프트의 회전 1차진동과 비슷해지게 되고, 양쪽이 간섭을 일으켜 비트 음이 발

통상적인 CVT는 인풋 쪽이나 아웃풋 쪽에 전·후진 전환장치를 장착해 전진할 때나 후퇴할 때 토크 흐름이 모두 벨트를 경유하지만, 다이하츠의 FR용 CVT는 후진할 때는 벨트를 매개로 하지 않고 직접 출력하는 것이 특징이다.

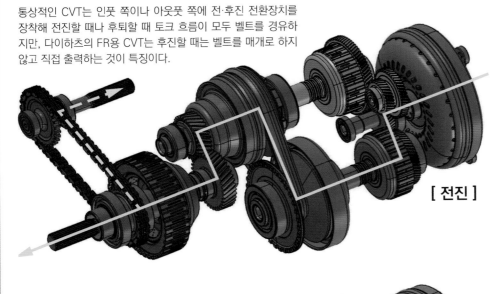

[ 전진 ]

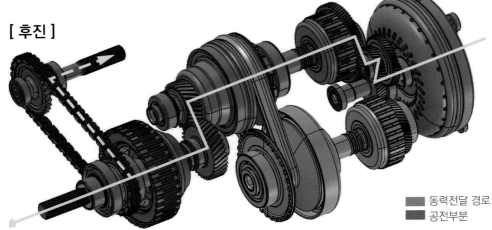

[ 후진 ]

■ 동력전달 경로
■ 공전부분

● 어떻게 움직일까

전진할 때는 입력 축에서 프라이머리 샤프트→프라이머리 풀리→세컨더리 풀리로 토크가 전달된다. 엄밀하게는 전진할 때도 역(逆)경로는 회전하고 있어서, 리버스 클러치를 경계로 서로 역회전한다. 후진할 때는 입력 축에서 아이들러 샤프트로 회전을 반대로 돌려서 세컨더리 샤프트로 토크를 직접 전달한다. 이때도 세컨더리 풀리는 회전하기 때문에, 실제로는 벨트를 매개로 프라이머리 풀리도 역회전한다.

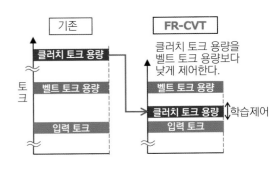

| 기존 | FR-CVT |
|---|---|
| 클러치 토크 용량 | 클러치 토크 용량을 벨트 토크 용량보다 낮게 제어한다. |
| 벨트 토크 용량 | 벨트 토크 용량 |
| | 클러치 토크 용량 ↕학습제어 |
| 입력 토크 | 입력 토크 |

토크

생하기 쉬워지면서 록 업을 할 수 없게 되는 것이죠」(시마모토씨)

이것이 출력 축 직전에 2차감속을 하는 이유이다. 입력 축 주변의 레이아웃이나 풀리 크기 관계 상 인풋 리덕션을 포함한 최고 비율이 0.625이기 때문에, 출력 쪽에서 1.321배로 감속함으로써 출력 축 상의 감속비를 0.826까지 낮춘다.

그렇다면 톱 기어 비율을 낮은 쪽으로 돌리면 되지 않느냐고 생각할 수 있지만, 그렇게 하기 어려운 것이 유성기어 방식의 어려운 점이다.

「유성기어 방식 AT 같은 경우, 라비뇨 (Ravigneaux)가 됐든 CR(Carrier Ring gear)-CR이 됐든지 간에 증속할 때는 캐리어에서 입력해 선 기어를 고정한 다음, 링 기어를 출력으로 사용합니다. 그때의 감속비는 『링 기어 톱니 수/(링 기어 톱니 수+선 기어 톱니 수)』가 되는데, 다이하츠 4단 AT 같은 경우는 0.696이 됩니다. 선 기어를 작게 하면 더 낮은 감속비도 가능합니다. 그때의 하한값은 샤프트의 강도(=굵기)로 제한되죠. 링 기어의 톱니 수를 늘리는 방법도 있지만, 지름이 커지는데 비해서 효과는 그다지 없습니다. 이것을 르펠티에(Lepeltier)방식의 6단 AT로 해도 최고속 기어 단은 똑같아집니다. 이런 제약 때문에 유성기어 방식 AT의 톱 기어 비율은 0.7 전후인 경우가 많

아서 3기통 엔진의 연소 1차진동과 궁합이 잘 맞는 겁니다」(시마모토씨)

기계적 요소만 빼고 생각하면 전달효율은 벨트방식보다 유성기어 방식이 뛰어나다. 하지만 자동차라는 상품으로 성립하려면 CVT 쪽이 유리했던 것이다.

그렇기는 하지만 캡오버 차의 바닥 아래에 넣기는 상당히 어려웠을 것 같은데요.

「상용차이기 때문에 바닥을 높일 수는 없었고, 아래쪽으로는 비포장도로에서도 안심할 수 있을 정도의 높이를 확보할 필요가 있었습니다. 오른쪽으로는 연료탱크가 있고, 왼쪽으로는 프런트 프로펠러 샤프트가 지나가는 공간을 확보해야 했죠. 길이방향에서

● 왜 CVT인가, AT는 어떨까

경자동차 AT(자동변속기)가 CVT로 다 바뀐 것은 3기통 엔진과 유성기어 방식 AT의 궁합이 나쁘다는 점도 한 가지 원인이다. 유성기어 장치로 증속하려면 플래니터리 캐리어에서 입력되어야 하지만, 이 흐름에서 변속기에 들어갈 크기로 바꾸면 기어비율이 0.7전후밖에 안 된다. 그 역수를 3기통 엔진의 회전 1차변동에서 없애면 프로펠러 샤프트의 회전 1차진동과 비슷해져 데굴거리는 비트음이 발생한다. 록 업을 할 수 없게 되는 것이다.

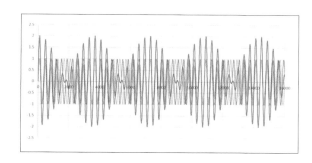

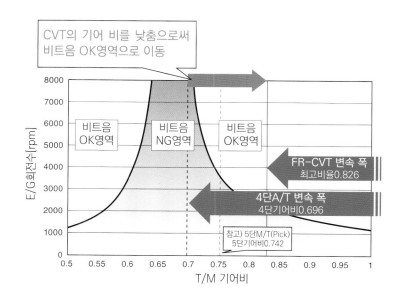

비트음은 3기통 엔진의 토크변동 역수인 0.67를 최고점으로 일정한 폭을 가진다. 이것을 없애려면 변속기 출력 축 상의 감속비를 0.8 이상으로 높여야 하기 때문에 이 CVT는 아웃풋 쪽에서 2차감속을 한다.

● 트랜스퍼 클러치의 개량

4WD 트랜스퍼 클러치는 2WD로 주행할 때 디스크와 클러치 플레이트가 상대적으로 미끄러진다 (relative slip, 프런트 디퍼렌셜에 디스커넥트 장치가 장착되어 있기 때문에 앞 프로펠러 샤프트는 정지해 있다). 이로 인해 생기는 질질 끄는 손실을 피하기 위해서 디스크 사이에 웨이브 스프링을 넣음으로써, 클러치를 압착하지 않을 때는 강제적으로 일정한 간격이 확보되도록 설계한다. 높은 토크 용량과 마찰손실 감축을 양립시키기 위해서이다.

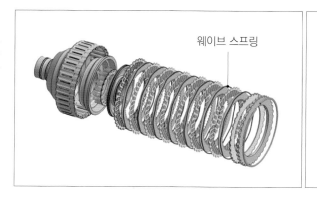

웨이브 스프링

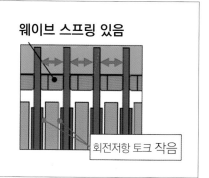

웨이브 스프링 있음

회전저항 토크 작음

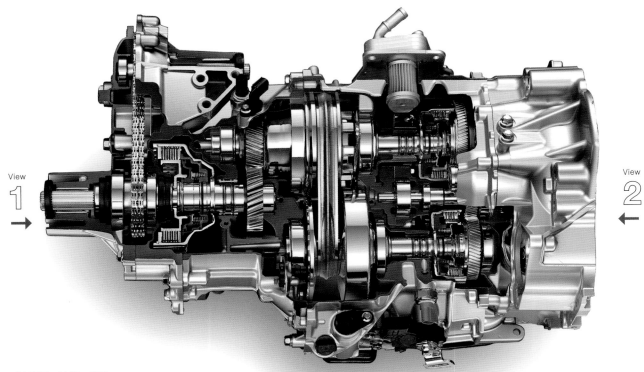

View 1 →

← View 2

## ● 소형화를 위한 개량

우측이 입력 방향이고 왼쪽이 출력 방향. 프라이머리 쪽과 세컨더리 쪽 입력부분은 기어나 클러치 모두 앞뒤 방향으로 배열되어 있다. 이렇게 함으로써 앞뒤로 길어지는 것을 막는다. 오일펌프는 양 축 사이에 있어서 입력 축에서 직접 구동한다. 독립된 축이 없어서 횡 방향 치수가 억제된다. View 2를 보면 스타터 모터 탑재 공간을 확보하기 위해서 프라이머리 축과 세컨더리 축 높이를 바꾼 것을 알 수 있다(프라이머리 쪽이 낮다).

는 프로펠러 샤프트 길이를 확보할 필요도 있었습니다. 특히 4WD는 트랜스퍼 치수만큼 변속기가 길어집니다. 구형 4단 AT에서도 프로펠러 샤프트 길이가 거의 한계였기 때문에 그 이상 크게 할 수는 없었습니다」(시마모토씨)

그런 것들을 극복하기 위해서 여러 가지 방안이 논의되었겠군요.

「첫 번째는 풀리 축 배치에서 엔진 축 양쪽에 프라이머리 풀리와 세컨더리 풀리를 배치하는 것이었습니다. 연료탱크와 프런트 프로펠러 사이에 넣으려면 이렇게 하지 않으면 방법이 없었습니다. 또 캡오버 차는 엔진을 경사지게 해서 탑재하는 사정 상, 스타터 모터를 장착할 공간을 엔진 쪽에서는 확보할 수 없어서 변속기 쪽에 붙여야 했습니다. 그래서 어느 쪽이든 축을 낮출 필요가 있었는데, 주행 중에는 프라이머리 축보다 세컨더리 축이 빨리 도니까 세컨더리를 낮추

면 오일의 교반저항이 증가하기 때문에 프라이머리 쪽을 낮추게 되었죠」(시마모토씨)

그래도 프라이머리 풀리를 낮춘 만큼은 오일 교반저항이 커질 텐데요.

「그것을 억제하기 위해서 리브 형상의 격리벽을 설치해 프라이머리 풀리가 퍼올리는 오일을 오일 팬으로 되돌려서 풀리 쪽에 오일이 고이지 않는 구조로 만듦으로써 교반손실이 증가하지 않도록 했습니다. 또 프라이머리 풀리를 낮춤으로써 밸브 보디에 사용할 수 있는 공간이 줄어들었습니다. 그래서 스트레이너를 옆으로 빼서 밸브 보디와 동일한 면까지 높이는 식으로 지상고를 확보하면서 제어시스템을 성립시켰죠」(시마모토씨)

이렇게 높이 방향은 기존의 4단AT와 똑같이 낮추었다. 그렇다면 길이방향은 어떻게 했을까.

「D-CVT에서 채택했던 오일펌프의 중앙

배치나 고정자 샤프트(Stator Shaft)를 하우징으로 압입하는 한편, 토크 컨버터의 단방향 클러치 지지구조(이너 레이스와 스테이터 샤프트의 일체화)를 횡으로 펼치는 식으로 축 방향 치수를 단축했습니다. 나아가 FR CVT의 독자기술로 평행 축 기어를 적용한 것이나 전·후진 전환기구의 병렬배치가 큰 포인트입니다. 이 레이아웃이라면 전진 쪽 리덕션 기어와 클러치, 후진 쪽의 기어와 클러치를 하나로 정렬할 수 있기 때문에 축 방향 치수가 길어지는 것을 억제할 수가 있죠. 게다가 오일펌프가 가운데 있어서 클러치로 유압을 공급하는 부분도 같이 설치할 수 있었습니다. 이렇게 같은 기능들을 횡으로 쭉 배치함으로써 전장이 길어지는 것을 억제할 수 있었죠」(시마모토씨)

이런 개선을 통해 기존의 4AT와 동등한 전장 및 전고로 맞출 수 있었다.

방향을 바꿔서, 상용차라고 하면 내구성

신뢰도 승용차 이상으로 확보해야 한다. 그 점에 대해서는 어떤 대책을 적용했나.

「물론 과적재까지 상정해 설계했지만, 엔진에서 변속기로 전달되는 토크는 엔진의 최대토크 이상은 전달되지 않습니다. 오히려 심한 것은 공전된 타이어가 그립을 되찾았을 때, 타이어에서 벨트로 역류하는 관성 토크(Inertia Torque)입니다. 이에 대해서는 포워드 클러치의 설정압이 벨트 토크 용량과 입력 토크 사이에서 항상 유지되도록 압력 센서와 리니어 솔레노이드를 사용해 학습제어하도록 했습니다」(시마모토씨)

이렇게 하면 큰 관성 토크가 타이어에서 벨트로 입력되더라도 전진할 때 작동하는 포워드 클러치가 먼저 미끄러지면서 벨트가 보호된다는 것이다.

이번에는 4WD 시스템에도 전자제어 다판 클러치 방식을 새로 채택했던데.

「구형 카고 계통 차들은 파트 타임 방식이었기 때문에 신형에서는 타이트 코너 브레이킹 현상을 해소하고 싶어서 전자제어 4WD를 채택했습니다. 오토모드에서 출발할 때는 초기하중(Initial)을 걸어 슬립에 맞춰서 체결력을 늘리도록 제어합니다. 또 속도가 빨라지면 전방으로의 전달 토크를 늘림으로써 직진안정성을 높이는 제어도 하고 있습니다. 록 모드는 진흙길이나 눈길에서의 등판, 밭이나 논 등에서 사용할 수 있도록 설정한 기능입니다」(시마모토씨)

록 모드라고는 하지만 기계적 록 장치가 있는 것은 아니고, 다판 클러치의 체결유압을 최대로 해서 사용하는 것을 말한다. 승용차 같은 경우는 엔진토크보다 클러치의 토크용량이 작아서, 부하가 큰 상황에서는 클러치를 미끄러지게 해 록 상태를 유지하지 못하는 것도 있다.

「트랜스퍼 클러치의 토크용량은 토크 컨버터의 증폭 분(스톨 토크 2.5)을 가미한 스톨 출발의 전륜 슬립 한계(후륜은 공전) 이상으로 설정했습니다. 실제로는 스톨 출발(브레이크는 걸고 액셀은 최대로 밟아 엔진회전이 높아진 상태에서 브레이크를 떼면서 출발하는 것) 시 엔진 풀 토크의 60% 정도에서 앞바퀴가 미끄러지기 때문에 그에 대해 여유를 주었죠」(시마모토씨)

클러치 토크용량을 높이면 2WD로 달릴 때 질질 끄는 손실이 커지지 않을까.

「각 디스크 사이에는 웨이브 스프링(Wave Spring)이 삽입되어 있어서 2WD로 달릴 때는 디스크와 플레이크 간격을 기계적으로 확보해 질질 끄는 저항을 줄입니다」(시마모토씨)

커팅 모델을 보고 떠오른 질문들을 생각난 대로 물어보았는데도 질문마다 논리가 있는 대답들을 들을 수 있었다.

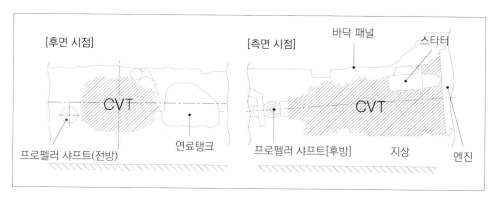

View 1

스타터를 낮게 배치 가능

View 2

세컨더리 축 / 아웃풋 축 / 스타터 / 세컨더리 축

격리벽 구조로 오일 교분 손실을 감축

프라이머리 축 / 프라이머리 축 / 인풋 축

[후면 시점]  [측면 시점]  바닥 패널  스타터

CVT  CVT

프로펠러 샤프트(전방)  연료탱크  프로펠러 샤프트[후방]  지상  엔진

트럭 사양 하이젯은 풀 모델 체인지가 아니기 때문에 엔진 장착면 위치와 프로펠러 샤프트 장착 위치를 움직일 수 없다. 좌우로 연료탱크와 앞 프로펠러 샤프트가 지나가고 있어서, 그 사이에 들어가는 것이 절대적 조건이었다.

PROFILE

**마츠모토 다카유키**
(Takayuki MATSUMOTO)

자동차개발본부 제품기획부
E·C·E/신흥국 소형차컴퍼니 본부
ECC제품기획부
제5기획Gr E·C·E

**시마모토 마사오**
(Masao SHIMAMOTO)

자동차개발본부
파워트레인 개발부
파워트레인 기획실
유닛CE E·C·E

## CHAPTER **4**

# 요소 기술

## 후륜구동을 멋지게 성립시키기 위한 엔지니어링

→ CASE 1 · **SUSPENSION**

# 안티스쿼트를 위한 멀티링크

후륜을 구동하는 서스펜션에는 그다지 종류가 많지 않다. 5링크/멀티링크 방식으로 답이 정해져 있는 이유는 뭘까.
스티어링의 차 축 앞 배치/차 축 뒤 배치에 대해서도 같이 해설한다.

본문 : 안도 마코토   사진 : 다임러   수치 : 시바하타 야스지

### 안티스쿼트 설계

자동차는 가속할 때 뒤쪽으로 하중이 이동하기 때문에 뒷부분이 가라앉는 「스쿼트(squat)」가 발생하기 쉽다. 그래서 후방 액슬의 측면 쪽으로 순간 중심을 액슬 센터보다 높은 지점에 설정해 힘의 균형을 통해 하중 이동에 대항하는 힘을 발생시키는 「안티스쿼트 지오메트리(Anti-squat Geometry)」로 설계하려고 한다. 트레일링 링크 시스템에서는 이런 지오메트리가 힘들기 때문에 현재의 후륜구동 차 대부분이 더블 위시본이나 멀티링크 방식을 채택하고 있다.

전륜구동 차와 후륜구동 차의 가장 큰 차이는 후방 서스펜션 형식에 있다. 전륜구동 차는 토션 빔 방식이나 트레일링 링크에 래터럴 링크(lateral link)를 조합한 형식이 주류이다. 반면에 후륜구동 차는 더블 위시본 형식이나 거기서 파생된 멀티링크 방식이 주류이다. 후륜구동 차 쪽이 가격대가 높아서 비용을 들일 수 있다던가, 크고 무겁기 때문에 지오메트리 강성을 높여야 한다는 측면이 있기는 하지만, "후륜이 구동력을 부담하느냐 아니냐"도 서스펜션 형식을 결정하는 중요한 요인이다.

중요한 요인 가운데 첫 번째는 가속할 때의 안티스쿼트 특성이다. 이론에 관해서는 앞글에서 시바하타 선생이 해설해 준 것으로 가름하고, 여기서는 그것이 서스펜션 형식 선정에 어떤 영향을 끼치는지에 관해서 살펴보겠다.

안티스쿼트 특성을 얻기 위해서는 뒷바퀴의 측면 상의 요동 중심을 액슬 센터보다 높은 위치에 설정할 필요가 있다. 예를 들면 C세그먼트 차에 일반적으로 장착되는 195/65R15 타이어의 이동하중 반경은 305mm이기 때문에 액슬 센터도 지상에서 305mm 위치가 된다. 토션 빔 방식이나 트레일링 링크 베이스의 더

액슬 센터

어퍼 암 축

로어 암 축

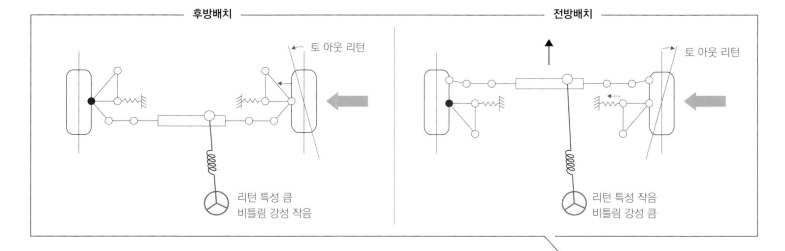

후방배치

토 아웃 리턴

리턴 특성 큼
비틀림 강성 작음

전방배치

토 아웃 리턴

리턴 특성 작음
비틀림 강성 큼

블 위시본 같은 경우, 요동점의 지지강성과 실내공간을 확보할 필요성 때문에 트레일링 부싱의 장착위치를 사이드 멤버 아래로 할 수밖에 없다. 일반적으로 사이드 멤버의 지상고는 300mm도 안 된다. 때문에 그 아래로 브래킷을 걸면 부싱 중심이 40~50mm 더 낮아지면서 안티스쿼트 힘(차체를 끌어내리는 힘)을 얻지 못한다.

이것을 더블 위시본으로 하면 액슬 센터의 측면 상의 순간중심이 상하 링크의 요동 축을 연장한 교차점이 되기 때문에, 요동 축 각도로 인해 순간중심 높이를 자유롭게 설정할 수 있다. 멀티링크는 더블 위시본의 위아래 링크를 분할한 것이기 때문에, 기본적으로는 똑같다. 스트럿 방식에서도 로어 링크의 요동 축과 스트럿의 경사각으로 순간 중심 높이는 어느 정도 자유롭게 설정할 수 있다.

두 번째는 킹 핀 축의 설정 자유도. 후륜구동 차는 구동력을 걸었을 때의 안정성이 중요한데, 그렇게 브레이크를 걸었을 때 토(toe)를 안쪽으로 향하게 하는 지오메트리가 되는 것이 좋다. 물론 선회 중에 브레이크를 걸었을 때도 마찬가지이다. 그것이 가능한 것은 로어 링크를 분할한 더블 위시본이나 상하 모두 분할한 멀티링크 방식이다. 액슬 센터 위치에서 킹 핀 옵셋을 플러스로 하고, 타이어 접지점 중심에서는 네거티브 스크럽(negative-scrub)으로 할 수 있어서 구동력이 됐든 제동력이 됐든지 간에 토인

을 얻을 수 있다.

또 하나, 전륜구동이냐 후륜구동이냐에 따라 제약을 받는 섀시 부품이 스티어링 기어 박스의 위치이다. 더 정확하게는 타이로드 위치라고 하는 것이 맞다. 엔진을 가로로 배치해 탑재하면 스티어링 샤프트가 전방 축 앞까지 나갈 수 없기 때문에 타이로드 위치는 액슬보다 뒤(후방 당김)가 된다. 반면에 엔진을 세로로 배치해 후륜을 구동하든가 또는 전방에 엔진이 없으면 타이로드를 액슬 앞(전방 당김)에 놓을 수 있다.

이것이 어떤 특성을 낳느냐는, 시바하타 선생의 강의 가운데 『컴플라이언스(Compliance)로 틀었을 때의 반동 특성을 만든다』는 부분에 힌트가 있다.

타이로드가 뒤에 있으면 횡력을 받았을 때 뒤쪽이 당겨지면서 서스펜션 부싱이 안쪽으로 변형되는데, 그만큼 앞바퀴의 실제 조향각도가 커진다. 이것은 『틀었을 때의 반동』과는 반대 방향이기 때문에 스티어링 샤프트의 토션 바 강성을 떨어뜨려 앞뒤를 맞춰야 한다. 반대로 타이로드가 앞에 있으면 서스펜션 부싱의 컴플라이언스 양으로 틀었을 때의 반동을 만들 수 있기 때문에, 토션 바 강성은 높은 수준을 유지할 수 있다. 그렇게 되면 후자 쪽이 직접적인 느낌이나 단단한 느낌을 받기 쉬워서 더 기분 좋은 조향 감각을 만들 수 있다는 것이다.

또 전륜 조향각도를 크게 주어서 최소회

## 타이로드의 전·후방배치 차이

서스펜션 부싱은 횡력으로 인해 미세하게 변하기 때문에 그 만큼 타이어는 조향방향으로 회전한다. 그때 지지점이 되는 것이 타이로드이기 때문에 액슬 센터보다 앞에 있으면 토 아웃(안정), 뒤에 있으면 토 인(불안정)이 된다. 그것을 스티어링 샤프트 강성으로 보정한다.

○ 순간중심

전 반경을 줄이기 위해서도 타이로드를 앞쪽에 배치하는 것이 유리하다. 앞바퀴의 조향각도는 내륜과 외륜의 선회 중심이 일치하도록 내륜 쪽을 크게 돌릴 수 있게 설계한다(애커먼·장토 이론). 그러기 위해서는 너클 암과 타이로드를 사다리 형태로 배치할 필요가 있다. 하지만 타이로드가 뒤에 있으면 너클 암이 뒤로 오므라지기 때문에 조향을 하다보면 결국 너클 암과 타이로드가 일직선이 되면서 그것이 조향 한계로 작용한다. 한편으로 타이로드가 앞에 있으면 그 한계점이 조금 커지게 된다(다만 FF 같은 경우는 드라이브 샤프트 교차 각도의 강도한계가 조향각도 한계를 정하는 경우도 있어서, 꼭 후방배치 타이로드 탓에 조향각도가 제한된다고 하기 힘들다).

물론 후륜구동 차 중에서도 후방배치 스티어링을 적용한 차는 있다. 하지만 가격이나 중량 증가를 허용하면서까지 스티어링을 멀리까지 끌어오는(전방배치로 하는) 것은 이런 장점이 있기 때문이다.

**→ CASE 2**      **DAMPER**

# RWD의 트랙션 성능을 끌어내라
# DLC로 밸브 움직임을 바꾸다

댐퍼(쇽 업소버)의 중요성은 시판차량 분야에서 빠르게 잊혀지고 있다.
하지만 하체가 제대로 움직이면 차량거동뿐만 아니라, 조종안정성이나 승차감까지 모두 개선된다.

본문&사진 : 마키노 시게오  사진 : 구보 아이죠(Dr. Aizoh KUBO)

**피스톤 밸브 모듈**

모노튜브(단통) 댐퍼 안에 들어가는 가동(可動)부분. 여기에 피스톤 로드가 장착된다. 사진처럼 볼트로 체결된다. 바퀴의 상하 움직임이 피스톤 밸브 모듈을 직접 움직이는 것이다. 미세한 움직임을 추종할 수 있도록 얇고 부드러운 것부터 강한 것까지 지름이 다른 몇 개의 디스크 밸브가 겹쳐져 있다. 아래 사진은 그런 구성의 한 가지 사례이다.

왼쪽은 DLC(Diamond-Like Carbon) 코팅한 디스크 밸브(판 스프링). 검은 부분이 DLC면이다. 이것을 사용해 위 사진처럼 지름이 큰 것부터 순서대로 피스톤을 끼우고 마지막에 볼트로 조인다. 원통형상으로 안에 댐퍼 오일 통로가 뚫린 피스톤(우측 사진)의 좌측 방향으로 배치된 밸브가 「수축」쪽, 우측 방향은 「신장」쪽.

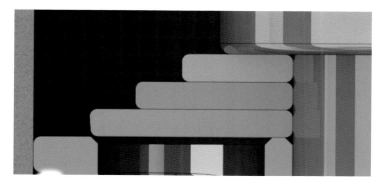

3개의 디스크 밸브를 포개 놓은 댐퍼 내 피스톤 모습. 가장 아래 디스크 바로 밑으로 댐퍼 오일이 통과하는 유로(油路)가 있지만, 정지 상태에서 이런 유로는 디스크 밸브로 인해 뚜껑이 닫힌다.

피스톤 로드가 면 아래쪽으로 당겨지면 먼저 가장 아래 디스크 밸브가 위로 들리면서 유로가 뚫린다. 실제 댐퍼에서는 피스톤에 가장 가까운 위치의 디스크 밸브가 가장 부드럽고 미세한 스트로크에도 반응한다.

피스톤 로드가 더 아래쪽으로 이동하면 가장 아래 디스크 밸브의 움직임을 규제했던 2번째 디스크 밸브도 열리기 시작해 피스톤 통과 유량이 늘어난다. 적색 부분은 디스크 밸브끼리 접촉해 마찰이 발생하는 부분. 마찰은 점점 커진다.

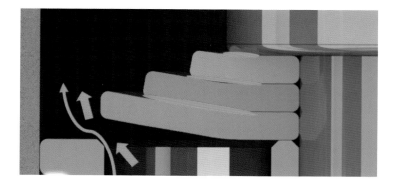

디스크 밸브가 최대로 열린 상태. 피스톤의 유로를 통과하는 시간 당 유량도 최대가 된다. 이 상태에서 가장 큰 감쇠력이 만들어진다. 덧붙이자면 댐퍼의 감쇠력은 피스톤 핀에 의존한다.

## 모노튜브 댐퍼

소위 말하는 단통식 댐퍼. 오일이 채워진 부위는 한 곳으로, 피스톤이 위아래로 움직이면서 오일실1과 오일실2 용적이 연속적으로 바뀐다. 위쪽 하얀 부분은 질소가스가 들어 있다. 오일실과 이 가스실은 자유롭게 상하로 움직이는 프리 피스톤으로 나뉜다. 왼쪽의 4장 일러스트는 피스톤 로드가 아래를 향해 움직일 때의 모습이다.

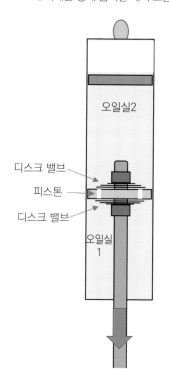

구니마사 대표가 만든 댐퍼 모형. 속이 보이게 아크릴 수지로 만들었지만, 구조는 실제 모노튜브 댐퍼와 완전히 똑같다.

자동차 서스펜션에는 반드시 댐퍼=감쇠 장치가 들어간다. 서스펜션은 「타이어가 흔들거리지 않도록 자유도를 제어」해 위아래로만 움직이도록 하는 장치이다. 자동차에 장착되는 스프링(코일 스프링/판 스프링)과 댐퍼의 세트는 서스펜션의 상하 움직임으로 인해 스프링 고유의 주파수에 따른 진동이 발생하지 않도록 신장/수축을 통제하는 동시에, 노면에서 입력되는 충격을 감쇠시킴으로써 노면에 따라 차체가 상하로 움직이는 현상을 통제하는 부품이라고 풀어서 표현할 수 있다.

이렇게 해석한다면 많이 사용되는 속 업소버라는 표현이 댐퍼 역할을 충분히 커버한다고는 할 수 없다. 충격(shock)을 완화할(absorber) 뿐만 아니라, 피아노의 건반을 두드린 뒤에 여운을 통제하는 댐퍼(양모로 만들어진다) 같은 약음·소음 역할이나, 원래의 의미인 「진동을 정지」시키는 역할까지 담당하는 것이 댐퍼이다. 거기에는 큰 입력이나 미세한 입력까지 다목적 성능이 요

## DLC 효과

스프링 강(鋼)은 강도4~5GPa. 디스크 밸브 표면의 DLC 면은 그보다 3~4배는 단단하다. 디스크 밸브 한 쪽 면만 DLC 코팅하면 디스크 반동에 의한 접동저항이 크게 줄어든다. 현재 그에 관한 평가를 하고 있는 중으로, 어떤 식으로든 효과는 수치화된다.

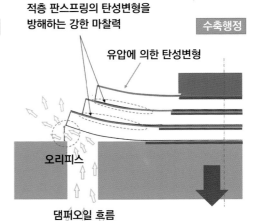

현재는 DLC 피막 2~3μ로 반복해서 시험하고 있지만, 닛산이 엔진 내부에 사용한 밸브 리프터에는 수소 프리 DLC의 초박피 피막을 사용했다. 댐퍼에 사용할 때는 디스크 밸브의 표면조도 편차를 보완한 상태라도 2~3μ가 최적이라는 판단이다.

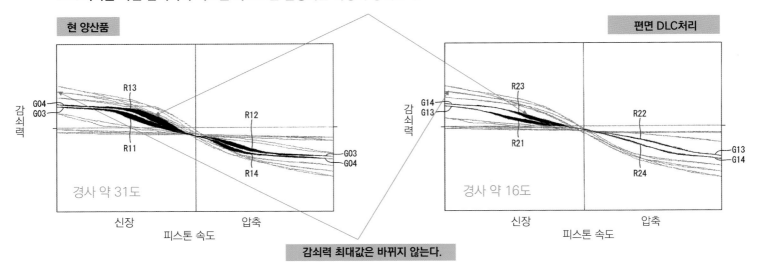

**DLC처리를 하면 감쇠력이 피스톤 속도로만 결정되는 특성이 강해진다.**

감쇠력 최대값은 바뀌지 않는다.

구된다.

그런 관점에서 댐퍼를 보면 피스톤 속도에 맞춰서(피스톤 스피드에 의존) 감쇠력을 발생시키는 댐퍼 장치는 부드럽게 작동하지 않으면 안 된다. 하지만 내부에 들어 있는 디스크 밸브는 스프링 강에 구멍을 뚫은 것이라 성능이 좋은 댐퍼는 디스크 밸브를 배럴(barrel) 연마까지 하지만, 그래도 약간은 휘거나 안팎의 차이 등 원래 강판의 성질이 반영된다.

앞 일러스트처럼 디스크 밸브끼리 접촉하면서 열릴 때 발생하는 접동 저항(붉은 부분)이나 디스크 밸브 표면의 미세한 손상, 몇

만 번의 접동으로 인해 발생한 마모 등이 디스크 밸브의 부드러운 움직임을 방해한다. 이런 세세한 사항들에 관해서는 거의 돌아볼 일이 없었다. 천천히 진행되는 노화는 운전자도 알아차리기 힘들다. 디스크 밸브는 그야말로 방치 상태였던 것이다.

DLC=Diamond-Like Carbon은 다이아몬드 성분인 탄소로 얇고 강고한 피막을 소재 표면에 형성(코팅)하는 기술이다. 이미 다양한 용도로 사용되고 있다. 이것을 댐퍼 안의 디스크 밸브에 사용하자는 아이디어는 본지가 평소에 신세지고 있는 오리지널 박스 구니마사 히사오(國政 久郎) 대표와 교

토대학 명예교수이자 일본 기어설계 제1인자인 구보 아이죠(久保 愛三) 박사가 내놓았다. 아직 개발 중이지만 그 시작품을 적용한 포르쉐 카이만GT4를 시승할 기회가 생겼다(소요주는 구보박사).

결론부터 먼저 밝히자면, 이전의 GT4와 비교해 하체가 상당히 부드럽게 움직이는 느낌이었다. RWD 같은 경우 브레이킹으로 인해 앞으로 하중이 걸리면 구동바퀴인 후륜 댐퍼가 늘어난다. 여기서 스트로크를 부드럽게 낼 수 있다면 후륜의 접지성도 좋아진다. 테스트 운전에 동행한 구니마사 대표는「수직 하중이 안정적이고, 타이어의 상하

구보박사의 카이만GT4. 전에는 구보박사도「서킷을 달리기에는 좋지만 평소에 타기는 조금…」이라고 했다. 필자도 완전 동감. 그러던 것이 댐퍼 내부의 치료만으로 인상이 확 바뀌었다. 미세한 스트로크에서의 움직임이 멋지게 나오니까 스티어링 감각도 바뀐다. 아래 사진은 오리지널 박스에서 작업 중인 구보박사. 만든 다음에는 장착하고 달리고 데이터를 수집하고 개량점을 찾아내는 작업이 반복된다.

움직임이 온건합니다. 감쇠력은 나타나지만 방해하지는 않네요」라고 한다.

댐퍼 내부에서는 확장/수축이 항상 반전되지만, DLC 효과 때문에 걸리는 듯한 작동이 나오지 않아서 진동 최고점이 억제되어 타이어 접지시간이 길어진 것 같은 인상이다.

「RWD의 뒷바퀴는, 조향에 충실하기 위해 필요한 앞바퀴의 감쇠력을 1이라고 하면 0.7~0.8이면 됩니다. 감쇠력을 너무 높

이면 조향을 방해하죠. 그래서 세팅에 신경을 쓰기는 하지만, DLC밸브를 넣은 댐퍼들을 사용해본 느낌은 전부 다 스트로크의 시작이 부드러웠다는 겁니다. 세세한 것들은 앞으로 계속 찾아나갈 생각합니다」(구니마사 대표)

구보박사는 디스크 밸브의 개량과 분석을 담당한다. DLC의 두께, 디스크 밸브 가체의 연마방법 등, 아이디어를 시작품에 적용하고 그 결과를 분석한다. 앞 그래프는 그에

관한 한 가지 사례이다. 그래프 안에 경사가 진 것은 그래프의 중앙 세로선에서 확장방향(좌)을 향해 감쇠력이 커질 때의 처음 각도가 31도, 16도라는 의미이다. 한번 커지고 난 다음에 기울기가 완화되기 시작하는 직전까지의 각도를 나타낸다. 각도가 클수록 감쇠력이 강하다.

그래프 내에서 검게 칠해진 부분은 그 위쪽을 따라 왼쪽 끝까지 간 지점이 최고속도로서, 그곳이 감쇠값을 측정하는 점이다. 거

디스크 밸브는 이렇게 두께와 지름 차이가 다양하다. 이것을 조합해서 추구하는 승차감을 만들어 낸다. 오리지널 박스 사내에 있는 빌스테인 서비스 센터 후지노 (BSC후지노)에서 DLC밸브 조립작업을 한다.

구니마사 히사오
(Hisao KUNIMASA)

반복적 주행 후의 댐퍼로부터 디스크 밸브를 꺼내 DLC 면을 평가한다. 마모는 예상한 것보다 적다고 한다. 선형상으로 서 있는 부분은 DLC 피막의 원래 돌기로서, 드롭렛(droplet)이라고 불린다.

다양한 사양의 DLC댐퍼를 여기서 조립한 다음 차량에 장착해 테스트를 반복하다. 디스크 밸브의 조립작업은 물론 전부 다 수작업으로, 작업 모습이 상당히 민첩하다.

오리지널 박스 대표. 서스펜션 튜닝 전문가로서, 레이싱 카부터 시판차량까지 모든 「하체」에 관여해 왔다. 이번에 그 누구도 나서지 않았던 디스크 밸브 개혁에 도전했다.

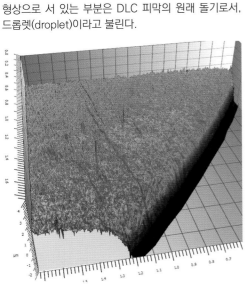

기서부터 감속하기 시작해 검게 칠해진 아래쪽을 따라 중앙선이 이른 지점이 피스톤 스피드 제로. 즉 피스톤이 전환되는 지점이다. 거기서부터 수축 쪽 스트로크로 옮겨가 우측 선을 그린다. 마찬가지로 피스톤 속도가 빨라질 때는 밸브가 열리기 힘들기 때문에 감쇠가 높게 나온다. 리턴 쪽은 디스크가 돌아오기 힘들기 때문에 밸브가 열린 상태로 감쇠가 낮게 나온다.

DLC의 특징은 검게 칠한 부분의 면적이 좁다는 점과 각도가 누워 있다는 점이다. 이것은 디스크 밸브가 부드럽게 열리고(마찰 손실이 줄어들기 때문에), 닫힐 때도 빨리 닫힌다는 것을 나타내는 데이터이다(그래프 안의 R과 G는 단순한 분류 기호이므로 무시하기 바란다).

구보박사는 이렇게 말한다.

「DLC의 장점은 강도보다 마찰계수를 낮출 수 있다는 점입니다. 게다가 접동에 대해서도 내구력이 충분하죠. 여러 가지로 비교해 본 결과, DLC가 가장 좋았습니다. DLC는 디스크 밸브 한 쪽 면만 해도 충분합니다. 아래쪽 판이 유압으로 변형되면 아무래도 위쪽 판 테두리와 접촉하게 됩니다. 테두리는 면 압력이 높기 때문에 DLC가 마모되는 상황도 생각할 수 있는데, 거기에 대한 상

세한 검증을 지금 하고 있습니다. 주행한 댐퍼를 분해해서 디스크를 꺼내보면, 적어도 접동저항을 줄이는데 필요한 부분의 DLC는 전부 남아 있습니다」

DLC를 담당하는 회사는 「DLC는 단단하기(영률이 높기) 때문에 접촉부분의 움직임은 철×철일 때보다 철×DLC 쪽이 하중이 올라가도 슬립이 매끄럽다고 생각합니다. 이것을 현재 검증하고 있습니다」라고 한다. 지금까지 돌아볼 일이 없었던 댐퍼 내부로 수술용 칼이 들어갔다. 이 개발경과는 수시로 본지 또는 본지 웹 사이트를 통해 전하도록 하겠다.

FF는 스핀하기가 쉽다….

긴키(近畿)대학의 사카이 조교수(이하 박사)로부터 들어본 이번 취재에서 가장 인상에 남은 것이 이 부분이다.

「전륜구동 FF는 액셀러레이터를 오프했을 때 거동을 안정시키는 것이 상당히 어렵습니다. 예를 들면 자동차 메이커에서 개발

할 때는 100R 정도로 정상 원으로 선회시키면서 한계 상황에서의 거동을 확인하는 시험을 하는데, FF 자동차는 ESC가 있어도 휙 하고 도는, 즉 스핀하는 일이 꽤 있었습니다. 물론 이것은 옛날에 개발 도중에 벌어진 일이었지만, 후륜구동 FR에서는 그런 일이 별로 없었던 기억이 있습니다」

사카이박사는 전에 자동차 메이커 엔지니어였고, 현재는 비클 다이내믹스(차량운동역학) 분야에서 수식화, 모델화 연구에 참여하고 있다. 이미 전륜과 후륜 각각에서 작용하는 힘을 수식으로 풀어 차량 전체의 운동을 유도해 내는데 성공했다. 이것은 오랫동안 차량 무게중심 주변에 작용하는 힘에

→ CASE 3 — TIRE

# 타이어 사용방법으로 보는 후륜구동의 장점

자동차 운동성능을 뒷받침하는 것은 타이어 접지면에서 생기는 마찰력이다.
이것은 널리 알려진 상식이지만 사실은 단순한 이야기가 아니다.
그 마찰력이란 것이 주행 중에 항상 변하기 때문이다.
그렇다면 그런 시점으로 후륜구동 차와 전륜구동 차를 비교해 보면 거기에는 어떤 차이가 있을까,
긴키대학의 사카이 조교수로부터 들어보았다.

본문 : 다카하시 잇페이  사진 : 사카이 히데키

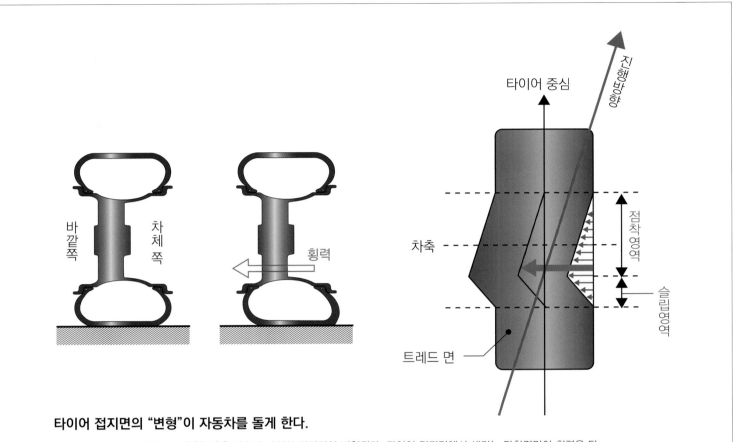

## 타이어 접지면의 "변형"이 자동차를 돌게 한다.

타이어가 횡 쪽에서 가해지는 힘(횡력)을 받으면 타이어 접지면이 변형된다. 타이어 접지면에서 생기는 마찰력만이 횡력을 타이어로 전달하는데, 마찰력 영향에서 벗어나면 신속히 "정위치"로 돌아오기 위해서이다. 우측 그림은 타이어에 슬립 앵글이 발생한 상태이다. 트레드 고무가 노면과 접촉해(이것이 마찰력의 정체이기도 하다) 접지면이 변형되고, 이후 타이어 회전에 따라 트레드가 노면에서 멀어지기 시작하면 미끄러지면서 원래대로 돌아가는 모습을 나타낸 것이다. 탄성체인 타이어가 변형되면 거기에 저항하려는 복원력이 작용한다. 이것이 CF(Cornering Force)의 정체이다.

**타이어의 마찰원**

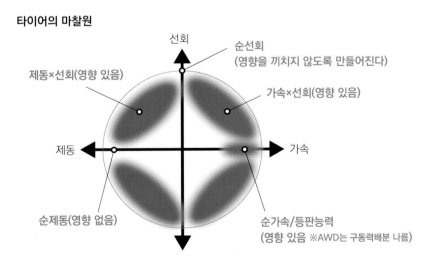

## 주행 중의 타이어 접지면에서 생기는 마찰력은 항상 변화

자동차의 운동성능, 그 한계를 결정 짓는 요소가 타이어 접지면에서 생기는 마찰력이다. 위 그림은 그 마찰력을 개념으로 나타낸 것으로, "마찰원"이라고 부른다. 타이어 접지면에 가해지는 힘을 벡터로 나타낼 때, 그 끝을 넘어갈 수 없는(원 경계 밖으로 나갈 수 없는) 물리적 한계를 나타낸다. 여기서 중요한 것은 마찰원 크기(늑지름)가 타이어에 걸리는 하중에 의해 바뀐다는 점이다.

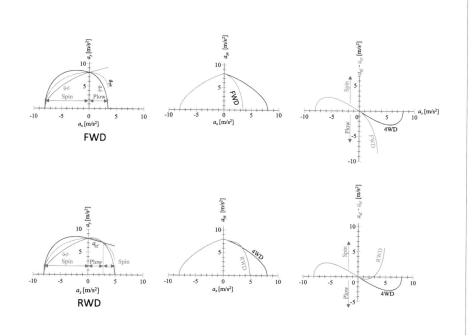

FWD

RWD

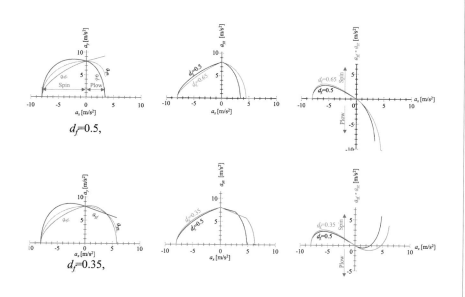

$d_f$=0.5,

$d_f$=0.35,

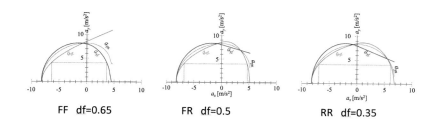

FF  df=0.65

FR  df=0.5

RR  df=0.35

만 주목해 오던 비클 다이내믹스 연구 분야를 한 발자국 전진시킨 획기적 성과라고 할 수 있다.

사실 이번 취재에서는 앞의 타이어 접지면 그림에서 보듯이, 타이어에 걸리는 구동력과 그에 따른 접지면 변화에 관해 들어보려던 것이 필자의 계획이었다.

슬립 각도가 붙은 타이어, 즉 차량이 나아가는 방향과 타이어 방향이 일치하지 않는 상태에서는 타이어의 트레드가 접지면에서 비뚤어진다. 이런 현상은 코너링 포스를 만들어내는데 있어서 중요한 수요 역할을 갖고 있지만, 여기에 구동력이 걸리면 그 상태가 바뀔 것이다. 노면을 긁는 상태의 타이어로 앞으로 이동할 것이고, 그래서 앞 페이지 상단 우측 그림 속의 "점착영역"의 존재가 운동성에도 영향을 끼쳐 한계영역이 아니라 과도영역이라 하더라도 운전자가 체득하는 전륜구동과 후륜구동의 느낌 차이로 이어지지 않을까 하고 생각했던 것이다.

「제가 세웠던 수학적 모델에서는 거기에 궤적 차이가 생기지 않습니다. 왜냐하면 움직이기는 움직이겠지만 아주 적기 때문인데, 특히 과도영역은 실제로 느낄 만한 수

### 감속 쪽 특성은 전후 하중배분 비율로 결정한다.

상중하 각각에서 보여주는 3개 그래프는 왼쪽부터 전륜과 후륜의 최대 횡가속도(G-G선도), 정상 한계(G-G선도에서 낮은 쪽 라인만 잘라낸 것으로, 차량으로서의 한계), 스핀 경향(적선으로 나타낸 전륜의 최대 횡가속도에서 청선으로 나타낸 후륜의 최대 횡가속도를 뺀 것). 좌측 것만 전부 다 전·후륜의 최대 횡가속도 그래프이다(df는 전륜의 하중배분 비율). 구동바퀴 개수와 배치는 기본적으로 가속 쪽만 영향을 끼친다. 감속 쪽으로는 전후 하중배분 비율이 같으면 구동방식에 상관없이 최대 횡가속도(최대 횡가속도), 스핀 경향 모두 차이가 생기지 않는다.

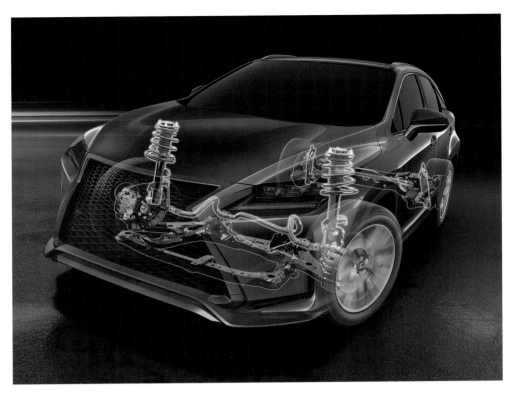

### 안티 롤 바는 스핀에도 영향을 끼친다.

안티 롤 바의 기본적인 역할은 롤을 억제하는데 있지만, 안티 롤 바의 작용을 강화하면(롤 강성을 높이면) 좌우바퀴의 그립력(마찰력) 합이 떨어지는 부작용이 발생한다. 즉 앞 페이지 그래프에서 나타낸 최대 횡가속도는 안티 롤 바의 설정에 따라서도 변화하는 것이다. 이런 현상은 당연히 스핀에도 영향을 끼친다. 전륜구동 차는 가속할 때의 휠 스핀에도 대응해야 하는 등, 설정에 있어서도 제약이 적지 않다.

수가 없다. 하물며 감속 쪽에서 보면, 전후 하중배분이 똑같을 때 최대 횡가속도 선상에서 표현되는 한계영역 특성은 더욱 바뀌지 않는다.

그래서 등장한 것이 글 앞머리의 화제이다. 전륜구동과 후륜구동 어느 쪽도 바뀌지 않는다면 일어날 수 없지만 거기에는 물론 이유가 있었다. 117페이지 그래프는 사카이박사가 고안한 수식을 계산한 것으로, 여기에는 안티 롤 바에 의한 작용이 들어가 있지 않았던 것이다.

사실 모두에서 사카이박사가 예로 들었던 시험에서는 안티 롤 바에 의한 튜닝(적합)이 적용되었지만, 전륜구동은 이 안티 롤 바에 관한 설정 폭에 상당한 제한이 따른다. 조향 각과 구동 양쪽을 앞바퀴로만 담당하는 전륜구동은 안티 롤 바를 견고히 하는 설정이

준의 영향은 나오지 않는다고 생각합니다」

취재가 시작되고 바로 결론이 나온 셈이지만, 그래서 이어서 사카이박사가 꺼낸 것이 전·후륜에 작용하는 하중과 타이어(와 노면 사이)의 마찰력이라는 요소이다. 그것을 나타낸 것이 앞 페이지의 그래프이다. 타이어 마찰력에 비례하는 형태로, 결과적으로 생길 수 있는 최대 횡가속도가 바탕을 이룬다. 즉 그래프 상의 선이 나타내는 것은 과도가 아니라 한계영역이다. 그래프 상으로 봐도 최대 횡가속도를 따라간 선보다 아래쪽에 위치하는 과도영역에서 차이를 찾아볼

## 사실은 스핀하기 쉬운 전륜구동

전륜으로 조향하면서 구동하는 전륜구동 차는 안티 롤 바의 설정을 스핀을 억제하는데 이용하기가 후륜구동 차보다 어렵다. 정상적일 때(정상 원선회로 평가) 일어나는 전륜구동 차의 스핀은 전륜에 치우치는 중량배분이 필수로 여겨지는 경우도 있어서 급격히 일어난다. 때문에 ESC로 대응하는 것도 쉽지 않다고 한다.

어려운데, 그 작용이 강화되도록 견고히 하면 좌우바퀴 하중에 편중이 생기게 되고, 특히 코너를 탈출할 때 등과 같이 내륜(인 쪽)의 휠 스핀을 유발하기 때문이다. 휠 스핀에 이르지 않는다 해도 좌우바퀴의 하중 편차는 스티어링 감각에도 영향을 끼친다. 그와 더불어 전륜구동 차에는 전륜 쪽의 (정적인)중량배분을 크게 하지 않으면 등판성능을 확보할 수 없는 요소가 있다. 결국은 이런 것들이 겹치면서 글 앞머리와 같은 경향으로 이어졌던 것이다.

기본적으로 이 정상적인 원 선회 시험은 오버 스티어가 나오지 않도록, 잘못해도 스핀 등을 하지 않도록 튜닝을 해준다. 이것은 후륜구동 차도 마찬가지였지만, 후륜구동 차는 전륜구동 차와 비교하면 중량배분에 관한 속박이 훨씬 가벼운 데다가, 전륜은 조향에만 철저하기 때문에 안티 롤 바의 설정 폭도 넓어서 전륜구동 차 같은 고민은 거의 없었다고 한다. 구체적으로는 전방의 안티 롤 바를 강화하고 후방 쪽의 안티 롤 바를 약하게 설정하면 된다. 후방보다 전방 쪽 그립역(마찰력)이 작아져 오버 스티어나 스핀

이 억제된다. 서스펜션 설정에 있어서는 후륜구동 차가 설정 폭이 넓어서, 그런 의미에서 "그릇이 크다"고 할 수 있는 것이다.

그러고 보면 고급차가 전통적으로 후륜구동을 적용해 온 일이나 EV 등을 비롯해 "후륜구동으로의 복귀" 움직임이 이해될 것 같은 기분이다(EV의 후륜구동에는 최소회전반경이라는 요소도 있다).

「어디까지나 개인적 견해이지만」하고 단서를 붙이기는 했지만, 사카이박사에 따르면 엔진부터 트랜스미션까지가 좁은 엔진룸 공간에 들어가는 전륜구동 차는 엔진 마운트 간 폭(span)에도 제약이 따르지만, 후륜구동 차는 엔진부터 변속기까지를 직선적으로 배치해 넓은 폭을 갖고 지지할 수 있다는 점도 승차감 측면에서 고급차에 적합하다고 생각한다는 것이다.

덧붙이자면 사카이박사가 메이커 시험의 정상 원선회에서 경험했다는 전륜구동 차의 스핀은 ESC가 장착되었음에도 불구하고 발생한 상당히 격렬한 스핀이었다고 한다. 이에 관해서는 ESC 피드백 제어로는 대처할 수 없고 피드포워드(feedforward) 제

어를 적용했다는 사실만 보더라도 그 "격렬함"을 짐작할 수 있다. 일반적으로 스핀이라고 했을 때 우리가 연상하는 것은 후륜구동 차의 과도한 출력이지만, 액셀러레이터 조작을 빼면 수습되는 과출력과 달리 뒤쪽이 종동 바퀴인 전륜구동 차에서는 스핀까지는 안 간다.

사카이박사의 연구는 비클 다이내믹스를 수학으로 구체화하는 것이다. 그리고 수학화는 컴퓨터가 다룰 수 있다는 뜻이기도 하다. 그것은 새로운 제어 가능성으로 이어지는 일이기도 하겠지만, 사실 후륜구동을 상당히 좋아하는 박사의 이야기를 듣다가 느낀 점은 「제어가 발달한다 해도 후륜구동이 없어지는 일은 없을 것 같다」는 느낌이었다.

PROFILE

### 사카이 히데키
(Hideki SAKAI)

긴키대학 공학부
로보틱스학과
조교수 박사(공학)

**→ CASE 4**    **HYPOID GEAR**

# 힘 방향을 90도 돌려주는 기어의 「현재」
# 하이포드 기어는 어떤 모습인가?

엔진을 가로로 배치하는 FWD는 변속기의 출력축과 구동축이 평행하기 때문에 그대로 출력하면 된다.
하지만 엔진을 세로로 배치하는 RWD는 변속기 출력축과 구동축이 90도를 이루기 때문에 방향전환이 필요하다.
그 전달장치에 관해 구보 기어 테크놀로지의 구보 아이조 박사한테 들어보았다.

본문&사진 마키노 시게오  수치 : 구마가이 도시나오

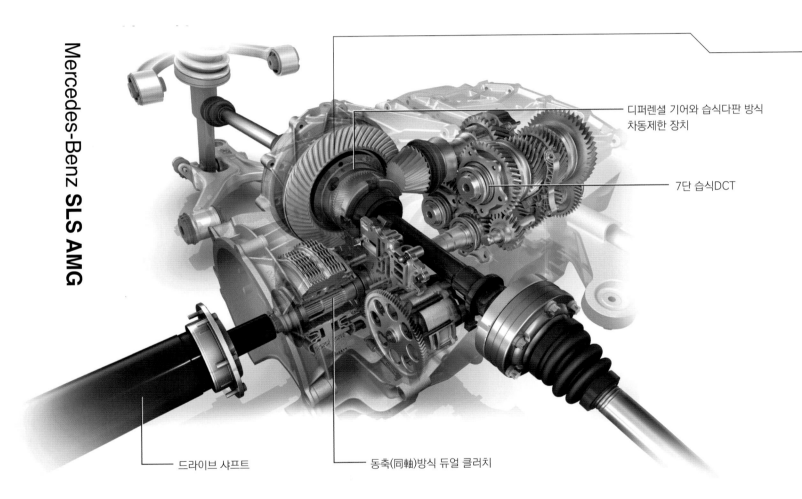

Mercedes-Benz SLS AMG

디퍼렌셜 기어와 습식다판 방식
차동제한 장치

7단 습식DCT

드라이브 샤프트

동축(同軸)방식 듀얼 클러치

공학박사 **구보 아이죠** | Kubo's Gear
(Aizoh KUBO.) | Technologies

ICE(내연엔진)가 전방 축 쪽에 배치되는 RWD 시판차량은 ICE를 다 세로로 배치한다. 즉 크랭크샤프트는 똑바로 앞쪽을 향한다. ICE가 만들어내는 동력은 차체 중심선과 평행하게 놓인 프로펠러 샤프트에 의해 뒷바퀴로 전달된다. 한편 타이어를 회전시키는 구동축은 차체 중심선과 직각으로 교차한다. 그 때문에 구동력을 구동축으로 전

달하기 위해서는 90° 방향 전환이 필요하다. 이때 사용하는 것이 다음 페이지 일러스트와 같이 「평행하지 않은 2축」을 잇는 기어이다. 이에 관한 해설을 구보 아이죠 박사에게 부탁했다. 이하는 필자가 구보박사의 인터뷰 내용을 1인칭 시점으로 정리한 것이다.

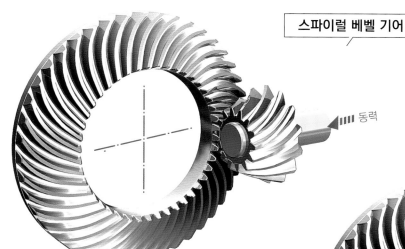

**스파이럴 베벨 기어**

ICE에서 나온 동력을 입력하는 피니언 기어와 그 동력을 받는 베벨 기어(우산모양 톱니바퀴). 모두 톱니가 곡선을 그린다는 점이 특징. 고회전· 고부하용에다가 소리도 조용하다는 점이 특징.

웜과 거기에 맞물리는 웜 휠로 구성 된다. 피니언(웜) 축이 휠 외경에 이 를 만큼 양 축 사이의 옵셋이 커졌다. 운전할 때 진동소음이 작다.

**웜 기어**

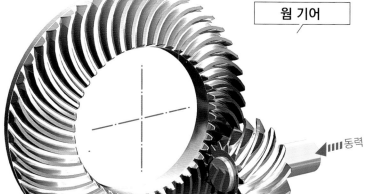

**하이포이드 기어**

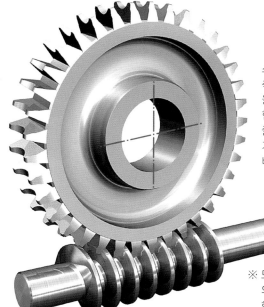

스파이럴 베벨 기어는 양쪽 기어의 교차 축이 각각 중심을 지나가지만, 그 교차 축 을 비켜 놓은 것을 하이포이드 기어라고 한다. 이렇게 비켜 놓으면 피니언 날 수를 줄일 수 있고, 그러면 날 수 비율이 커지 기 때문에 스파이럴 베벨 기어보다 감속 비를 크게 줄 수 있다.

### 주요 기어 종류

● 평행 축 → 평기어(spur gear)
　　　　　　 / 경사각 기어(helical gear)
● 교차 축 → 직선 베벨 기어(straight bevel gear)
　　　　　　 / 나선 베벨 기어(spiral bevel gear)
　　　　　　 / 원뿔 기어(conical gear)
● 교차 축 → 나사 기어(skew gear / crossed
　　　　　　 helical gear)
　　　　　　 / 웜 기어(worm gear)
　　　　　　 / 하이포이드 기어(hypoid gear)

※ 모두 다 ICE에서의 입력 축에 대해 타이어 구동 의 출력축 방향을 직각으로 전환할 수 있다. 대 형 기어 가운데 공간에 직선 베벨 기어 4개로 구성되는 디퍼렌셜 기어가 들어간다.

극히 일반적인 평행 축 기어인 평기어(스퍼 기어)는 회전축에 대해 날이 평행으로 나 있 다. 조합하는 기어 개수 차이로 감속과 증속 을 한다. 축 방향 힘(스러스트)은 발생하지 않는다.

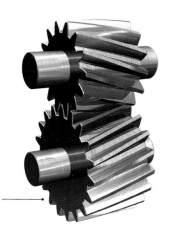

같은 평행 축이라도 날을 비스듬하게 해서 접촉 진행을 매끄럽게 한 것이 경사각 기어 (헬리컬 기어). 같은 크기로 만들면 스퍼 기 어보다 고강도로 운전할 때 진동소음도 작 지만, 축 방향 힘이 발생한다.

아래 기어 그림이 직선 베벨 기어 예이다. 자동차에서는 디퍼렌셜 기어 대부분이 이 기어를 사용한다.

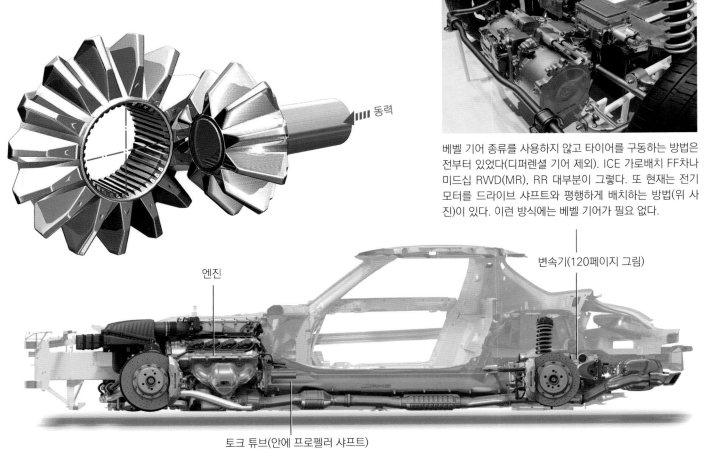

IIII 동력

베벨 기어 종류를 사용하지 않고 타이어를 구동하는 방법은 전부터 있었다(디퍼렌셜 기어 제외). ICE 가로배치 FF차나 미드십 RWD(MR), RR 대부분이 그렇다. 또 현재는 전기 모터를 드라이브 샤프트와 평행하게 배치하는 방법(위 사진)이 있다. 이런 방식에는 베벨 기어가 필요 없다.

엔진

변속기(120페이지 그림)

토크 튜브(안에 프로펠러 샤프트)

**가능한 한 낮게 배치** 메르세데스 벤츠 SLS AMG의 측면 모습. 120페이지 일러스트의 변속기는 뒤축 방향으로 탑재되어 있다 (트랜스 액슬 타입). 스파이럴 베벨 기어를 사용하면서도 높이를 억제했다는 사실을 알 수 있지만, ICE에서 나오는 동력출력이 토크 튜브 안을 지나가기 때문에 차량실내로 많이 튀어나온다.

◆◆◆　◆◆◆

예전에는 동력을 뒤 축으로 전달하는 수단으로 스파이럴 베벨 기어를 사용했었다. 그 때문에 프로펠러 샤프트가 차량실내 안으로 돌출되기도 했다. 그것이 싫어서 또 운전할 때 정숙성이 요구되면서 한 때는 웜 기어가 사용되었다. 하지만 웜 기어에는 눌러붙는 문제가 있기 때문에 그 타협점으로 찾은 것이 웜 기어와 베벨 기어 중간에 있는 하이포이드 기어를 사용하는 것이었다. 이것이 역사적 경위이다.

다만 하이포이드 기어(Hypoid Gear)로 바꾸고 나서도 변함없이 눌러붙는 문제가 계속되었다. 스파이럴 베벨 기어였으면 괜

찮았던 것이 하이포이드 기어로 바꾸면 슬립이 커지면서 초창기 땐 눌러붙는 문제가 떠나질 않았다.

거기서 활약했던 것이 윤활유 메이커였다. 하이포이드 기름이라고 하는 특수 오일이 탄생했는데, 다량의 EP제(유기유황, 인산화물 등을 포함한 고하중 상태에서 사용되는 초고압 첨가제) 함유 오일이 개발되면서 드디어 하이포이드 기어의 눌러붙는 문제가 해소되어 실용화 길로 접어들었다.

하이포이드에 비해 스파이럴 베벨 기어가 소리·진동이라는 문제를 갖고 있기는 했지만, 그렇다고 스파이럴 베벨 기어를 자동차 구동에 사용하지 못할 정도의 문제는 아니

다. 그 증거로 작년에 하이포이드 기어가 슬립이 많기 때문에 출력 손실이 커서 연비에 영향을 끼친다는 이유로 하이포이드 기어의 옵셋을 점점 줄이는 경향이다. 이러면 슬립이 줄어든다. 이것은 바꿔 말하면 스파이럴 베벨 기어로 돌아간다는 것을 뜻한다. 옵셋양을 크게 하면 피니언의 기어 수를 줄일 수 있는데, 그러면 같은 크기의 기어에서 큰 모듈을 사용해 전달동력을 크게 할 수 있게 된다. 이것이 하이포이드 기어가 유행했던 큰 요소 가운데 하나이다. 피니언의 기어 수를 줄일 수 있다. 파이널(최종감속) 기어 어셈블리의 전체 크기를 줄이고 싶으니까 피니언 기어 수도 줄이고 싶어진다. 그런 필요성

## 기어 설계는 손상과의 싸움이다.

구보박사는 교토대학교수로서 오랜 동안 교단에 있으면서 자동차나 항공기 등 산업계의 위탁연구에서 수많은 성과를 남겨왔다. 현재는 공익재단법인 응용과학연구소의 이사장을 맡으면서 KBGT 구보 기어 테크놀로지에서 기어 설계나 해석에 주력하고 있다. 취재에 나설 때마다 보여 준 것이 파손된 기어의 데이터나 화상으로, 그중에는 「이렇게 손상될 수도 있나!」하고 놀란 것도 적지 않다. PC화면에 떠 있는 것은 어떤 기계의 피니언 기어가 손상된 모습. 날 표면이 여기저기 손상 나 있었다.

에 맞았던 것이다.

흔히 볼 수 있는 RWD용 디퍼렌셜(차동장치) 기어를 사용하는 파이널 기어 어셈블리는 작게 만들어진다. 그 크기는 하이포이드 기어의 부하용량이라는 시각에서 보면 아직 여력이 있다. 그런데 스파이럴 베벨 기어 4개로 구성되는 디퍼렌셜은 너무 작게 하면 충격이 작용했을 때 망가지기 때문에 작게 하는데도 한계가 있다. 때문에 현재는 파이널 기어 어셈블리 크기가 정해져 있다.

그렇다면 스파이럴 베벨 기어로 돌아가고 있다는 이유는 어디에 있는가. 그것은 동력 손실과 실내 공간과의 쟁탈전이기도 하다. 현재의 RWD차는 실내 공간 침범과 기어 쪽 상황의 공방이다. 옵셋 양을 어디까지 줄일 것인가, 그에 대한 공방이다.

메르세데스 벤츠나 BMW 모두 RWD의 하이포이드 기어는 당연히 기어 중심보다 밑에서 피니언 기어와 맞물린다. 프로펠러 샤프트가 차량실내로 너무 들어오지 않도록 하려는 배려이다. 나아가 공간이 허락되어 옵셋 양을 줄여도 상관없게 되면 스파이럴 베벨 기어를 사용할 수 있다. 스파이럴 베벨 쪽이 파워 손실이 적고 고회전까지 돌려도 잘 눌러붙지 않기 때문에 유리하다. 대신에 피니언의 톱니 수는 하이포이드 기어보다 늘려야 한다. 파이널 기어 어셈블리를 같은 용적에 맞추려면 모듈이 큰 기어를 사용하지 못 한다.

그렇다면 그 부분을 소재 쪽에서 방법을 찾을 수 있을까. 자동차에서는 아마 어려울 것 같다. 자동차용 기어의 강재(鋼材)는 가격에 비해서 상당히 좋은 재료를 사용한다. 일반 공업제품에서는 구할 수 없을 정도로 가성비가 좋은 강재를 사용한다. 이보다 좋은 강재라면 항공기용 강재가 있다. 가격은 자동차용보다 중량비율에서 몇 배나 된다. 이래서는 도저히 양산차량에 사용할 수 없다.

지금 사용하는 강재를 계속 사용한다는 전제라면, 가령 냉간가공법의 일종인 숏 피닝(Shot Peening) 가공을 한다든가 열처리 방법을 바꾸는 수단이 있다. 실제로 시판차량용 기어에서는 이런 방법을 개량해 대책을 세운다. 이 후처리 대책이 현재 상태에서는 최선의 방법으로 받아들여지고 있다.

사실 유럽과 일본 사이에는 자동차의 동력전달에 사용하는 기어 소재에 관해서 사고방식의 차이가 예전부터 있어 왔다. 유럽은 니켈이 들어간 SNCM계열을 사용하고, 일본은 SCR계열의 크롬강을 사용한다. 니켈이 들어가면 인성이 높아지기 때문에 기술적으로는 정답이다. 열처리 특성도 약간 좋아진다. 하지만 가격이 비싸다는 마이너스 측면이 있다. 한편 일본 자동차 메이커의 대답은 「열처리를 적절히 하면 니켈이 들어간 강재에는 미치지 못하더라도 상당히 유사하게까지는 된다. 일본 자동차 운전자의 사용 패턴이라면 SCR계로 충분하다」는 것이다. 그런 배경에는 일본과 유럽의 일상적 사용에서의 속도영역 차이라는 요건도 포함되어 있을 것이다.

소재를 바꾼다는 것은 대단한 작업이다. 앞으로 ICE를 대신해 전기모터를 사용하는 BEV(Battery Electric Vehicle)가 늘어나도 기어 소재는 바뀌지 않을 것으로 생각된다. 다만 한 가지 문제라면 일본제 강재의 품질이다. SCM이나 SNCM 같이 침탄열처리를 전제로 한 합금성분이 높은 강재는 합금성분이 균일하게 분포되어야 함에도 불구하고 그렇지 않은 것들이 증가하고 있다. 그렇게 되면 열처리를 해도 열이 들어간 부분과 들어가기 어려운 부분이 얼룩이 진다.

기어 같은 경우 파손될 때는 재료 속의 가장 약한 부분부터 파손된다. 톱니가 나온 부위부터 톱니 면의 박리가 발생한다든가, 톱니의 측면 끝 접촉 부분이 젖혀지는 식의 문제가 발생한다. 실제로 나한테로 들어오는 파손된 기어의 원인조사 의뢰를 보면, 소재 자체의 문제도 많다. 이것은 강재 메이커가 나쁘다거나 하는 단순한 문제가 아니라 일본 전체가 국제경쟁 속에서 어떻게 살아남을 것인가 하는 과제로 파악해야 한다. 가능한 한 강재의 제조단가를 낮추지 않으면 국제경쟁에서 이길 수 없다.

사실 유럽도 이제는 「가격경쟁」이 벌어지고 있다. 니켈이 들어간 SNCM계열을 사용한 기어에서도 문제가 일어나고 있다. 반대로 지금까지 중국제 강재는 품질이 떨어진다고 여겨져 왔지만, 상응하는 품질을 확보할 수 있는 가격의 강재를 중국 철강 메이커로부터 구매하면 현재는 일본제보다 중국제가 좋은 경우도 있다. 이런 것들도 조사 의뢰를 받는 가운데 알게 된 사실이다.

가령 BEV의 감속장치에서 사용하는 기어에서는 질화(窒化)를 하는 시도가 늘고 있는데, 좋은 중국제 철강을 보면 질화 방식이 다르다. 상당히 깊숙이 정확하게 넣는다. 결국 좋은 물건에는 돈을 쓰는 문화가 있느냐 없느냐의 문제라고 생각한다.

이런 소재 문제에 관해서는 이미 일본 자동차메이커가 갖가지 대책을 도입해 왔다. 이미 할 수 있는 부분까지 하고 있기 때문에 개선 여지가 별로 없다. 이제 거의 남아 있지 않다고 해도 과언이 아니다. 나는 기어의 손상사고 사례를 많이 조사해 봤다. 대부분은 톱니 날(edge)이 나쁜데 원인이 있었다. 에지가 접촉하면 응력이 커져서 에지가 날붙이가 되어 상대 기어를 깎아먹는다.

게다가 깎일 때는 고온이 되기 때문에 마모가루는 온도가 올라가면서 열처리되어 윤활유 속에 섞인다. 열이 돌아온 부드러운 철이 아니라 열처리된 단단한 철이 섞이는 것이다. 이것이 기어에 물리면서 충돌을 한다. 톱니 면이 단단하기 때문에 물린 부분에서 균열(crack)이 생기는 사고 사례도 자주 발생한다. 이에 대한 대책으로는 항공기용 기어에서 하듯이 에지를 둥글고 매끈하게 하는 가공이 효과적이다. 둥글게 하면 같은 소재를 사용해도 톱니가 파손되지 않고 윤활유도 오염되지 않는다. 이것은 상당히 검증된 사실들이다. 다만 비용이 상승하기 때문에 자동차에서는 하지 않는다. 자동차에도 사용할 수 있는 날 끝을 둥글게 하는 기술은 나를 포함해 각 방면에서 씨름하고 있다. 이 분야에서 비용 상승을 억제한 기술적 확립을 기대해 본다.

# HONDA
# AWD DYNAMICS

## 혼다의 AWD는 「타이어의 부하균형」이 목적

### 타이어 마찰원이 작아지는 눈길에서 실력을 확인

혼다는 자동차가 불안정해지는 상황에서도 안심하고 달릴 수 있어야 한다고 주장해 왔다.
하이브리드 시스템과 AWD를 조합한 피트, 베젤, CR-V를 몰고서 혼다AWD의 눈길 성능을 체험해 보았다.

본문&사진 : 세라 고타  사진 : 혼다

---

## Honda AWD Concept

**HONDA** The Power of Dreams

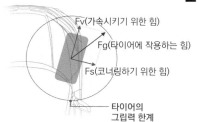

Fv(가속시키기 위한 힘)
Fg(타이어에 작용하는 힘)
Fs(코너링하기 위한 힘)
타이어의 그립력 한계

슬립하게 되는 위험 영역
Fg(2WD)
Fg(4WD)
타이어의 그립력 한계

### ■ 타이어의 부하균형 이미지

타이어의 그립력에는 한계가 있어서, 젖은 도로나 빙판 도로 같은 경우는
그립한계 자체가 크게 떨어져 쉽게 미끄러진다(특히 올라갈 때).
⇒ **가속 불능, 직선주행 불능, 회전 불능, 미끄러져 등판 불능**

AWD는 앞뒤로 구동력을 배분함으로써 2WD보다
타이어 그립력에 여유가 있다.

선회할 때는 전방 타이어의 부하를 줄여 조향각도와 조향력 정확도가 높아지면서
핸들링 성능이 향상된다. 노면환경 변화에도 대응.
⇒ **밀착된 느낌, 안정감, 신뢰감, 기분 좋음, 부드러움**

4륜의 마찰원을 최대로 활용해 구동력을 발휘하도록 하는 것이 AWD의 목적이다.
타이어 부하균형을 통해 안심과 신뢰에 공헌.

---

프로펠러 샤프트로 전달하느냐 후방에 고출력 모터를 탑재하느냐의 차이는 있지만, 근래 토요타나 닛산, 마쯔다, 미쓰비시 같은 일본 자동차 메이커는 사륜구동 시스템(4WD 또는 AWD) 개발과 그 효능을 알리는데 힘 쏟고 있다. 후방에 모터를 탑재하는 경우는 출력을 높이는 경향이 강하다.

기존에는 AWD라고 하면 눈길 등의 마찰계수($\mu$)가 낮은 도로에서의 주행성능을 담보하는 장치라고 주로 인식되었다. 실제 사용 환경에서 도움이 될 만한 상황은 한정적으로, 혜택을 받을 수 있는 상황 또는 동절기 외에는 크게 힘이 안 되었다. 때문에 강설지역이나 일부 매니아를 제외하고는 밥값을 못한다는 취급마저 받았다.

하지만 사실은 마르고 뮤($\mu$)가 높은 도로에서도 충분히 도움을 받을 수 있다는 것이 근래 각 메이커들의 주장으로, 필자의 생각도 마찬가지이다. 혼다도 AWD를 눈길에서만 사용하는 한정된 장치가 아니라, 일상에서 만나는 다양한 상황에서 드라이 노면과 같은 기분으로 운전할 수 있는 안심감을 얻을 수 있다고 효능을 설명한다.

혼다가 AWD에 갖고 있는 기본적 개념은 위 그림과 같다. 4륜의 타이어 부하를 균형화하는 것이 목적이다. 타이어의 그립력에는 한계가 있다. 그림에서는 마찰원을 보여주는데, 가속 또는 감속 그리고 선회할 때는 마찰원의 가장자리(그립 한계)를 넘지 못한다. 마찰원은 노면의 뮤($\mu$)와 수직하중에 따라 변동한다. 뮤($\mu$)가 크면 마찰원이 커지고, 뮤($\mu$)가 작으면 마찰원이 작아져 그립 한계가 낮아진다. 눈길에서 쉽게 미끄러지

## 리얼타임 AWD의 내부구조

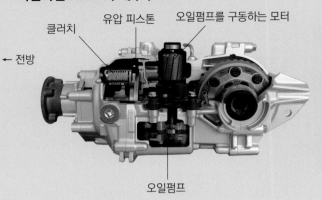

클러치　유압 피스톤　오일펌프를 구동하는 모터
← 전방
오일펌프

## 비스커스 커플링

혼다는 자체 개발한 전자제어 커플링 장치(위)를 사용. 비스커스 커플링 방식은 회전차이가 생겼을 때 고점도 실리콘 오일로 가득 찬 플레이트 사이에 전단저항이 발생하면서 뒷바퀴로 토크가 전달된다.

## 피드포워드 + 피드백 제어

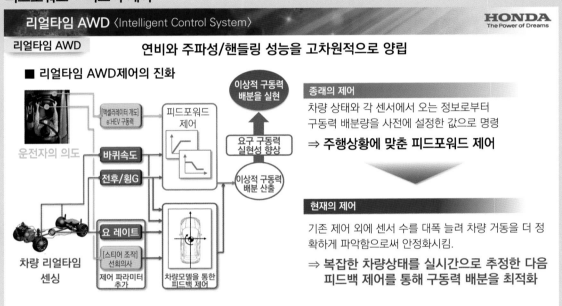

리얼타임 AWD 〈Intelligent Control System〉　HONDA The Power of Dreams

리얼타임 AWD

**연비와 주파성/핸들링 성능을 고차원적으로 양립**

■ 리얼타임 AWD제어의 진화

운전자의 의도 → [액셀러레이터 개도] e:HEV 구동력 → 피드포워드 제어 → 요구 구동력 실현성 향상 → 이상적 구동력 배분을 실현

바퀴속도 / 전후/횡G → 이상적 구동력 배분 산출

차량 리얼타임 센싱 → 요 레이트 / 스티어 조작 선회의사 / 제어 파라미터 추가 → 차량모델을 통한 피드백 제어

**종래의 제어**
차량 상태와 각 센서에서 오는 정보로부터 구동력 배분량을 사전에 설정한 값으로 명령
⇒ **주행상황에 맞춘 피드포워드 제어**

**현재의 제어**
기존 제어 외에 센서 수를 대폭 늘려 차량 거동을 더 정확하게 파악함으로써 안정화시킴.
⇒ **복잡한 차량상태를 실시간으로 추정한 다음 피드백 제어를 통해 구동력 배분을 최적화**

당초에 리얼타임 AWD는 액셀러레이터 개도 등의 정보로부터 사전에 설정한 이상적 배분량을 피드포워드로 제어했다. 현재는 언더&오버 스티어 거동을 파악한 다음 그것을 바탕으로 전후배분을 보정하는 방식의 피드포워드 제어이다.

## e:HEV와 비스커스 커플링의 조합

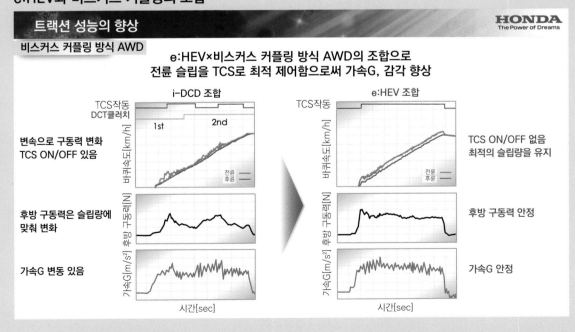

트랙션 성능의 향상　HONDA The Power of Dreams

비스커스 커플링 방식 AWD

**e:HEV×비스커스 커플링 방식 AWD의 조합으로 전륜 슬립을 TCS로 최적 제어함으로써 가속G, 감각 향상**

i-DCD 조합 / e:HEV 조합

변속으로 구동력 변화 TCS ON/OFF 있음 → TCS ON/OFF 없음 최적의 슬립량을 유지

후방 구동력은 슬립량에 맞춰 변화 → 후방 구동력 안정

가속G 변동 있음 → 가속G 안정

왼쪽 그래프는 7단DCT와 저출력 모터를 조합한 i-DCD 사례. 변속에 의해 바퀴속도가 바뀌기 때문에 후방 구동력이 불안정해진다. 한편 e:HEV는 최적의 슬립량으로 제어되기 때문에 후방 구동력을 안정적으로 발생시킬 수 있다.

## 모터와 비스커스 커플링은 궁합이 잘 맞는다.

비스커스 커플링 방식 AWD

### 고출력·고응답 e:HEV와의 조합을 통해 이상적인 슬립 제어를 실현

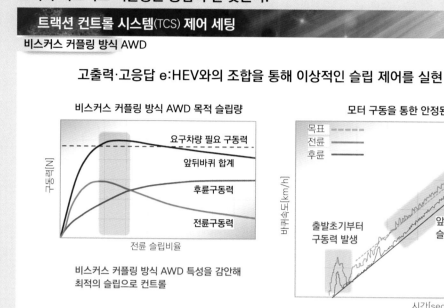

비스커스 커플링 방식 AWD 목적 슬립량

구동력[N]

요구차량 필요 구동력
앞뒤바퀴 합계
후륜구동력
전륜구동력

전륜 슬립비율

비스커스 커플링 방식 AWD 특성을 감안해 최적의 슬립으로 컨트롤

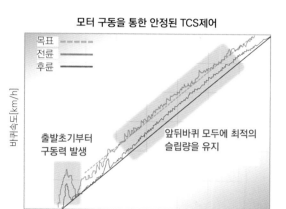

모터 구동을 통한 안정된 TCS제어

바퀴속도[km/h]

목표
전륜
후륜

출발초기부터 구동력 발생

앞뒤바퀴 모두에 최적의 슬립량을 유지

시간[sec]

앞뒤바퀴 구동력이 최대가 되도록 전륜 슬립량을 제어하는 것이 이상적이다. 모터주행이 주체인 e:HEV는 최적의 슬립량을 통제할 수 있다. 덕분에 가속 쪽이나 감속 쪽 모두 액셀러레이터 컨트롤을 통해 자세를 만들기가 쉽다.

는 이유는 마찰계수($\mu$)가 낮고 마찰원이 작기 때문이다.

예를 들면 구동력으로 타이어의 마찰원을 다 사용하면 횡력(코너링하기 위한 힘)을 낼 수 없기 때문에 코너에서 바깥으로 나가버린다. 하지만 AWD 같은 경우는 구동력을 후방(전륜구동 베이스인 경우)으로 분산시켜 앞쪽 타이어의 부하를 낮춤으로써, 횡력을 발생시킬 여력이 생기면서 목적한 라인을 따라가기가 쉽다. 이것이 AWD의 효과로서, 눈길이나 젖은 노면에 상관없이 마른 노면에서도 밀착된 느낌, 안정감, 쾌적성 향상으로 이어진다.

나가노현의 미타케 스노우랜드 눈길 코스에 준비된 차량은 하이브리드 시스템(e:HEV)과 AWD를 조합한 차량이었다. 혼다 피트는 비스커스 커플링 방식, 베젤과 CR-V는 리얼타임 AWD를 탑재한다. 리얼

타임 AWD는 소위 말하는 전자제어 커플링 장치로, 유압다판 클러치의 압착력을 통해 전후배분을 제어한다.

새롭게 느꼈던 것은 비스커스 커플링 방식의 AWD가 가져오는 자연스럽고 기분 좋은 주행 감각이었다. 「e:HEV와 조합했기 때문」이라고 한다. 오래된 기술(이라고 말하면 실례일지 모르겠지만)이 되살아난 인상이다. 비스커스 커플링은 전륜의 슬립량에 맞춰서 후륜으로 토크가 전달되는 구조이다. 위 그림에서 볼 수 있듯이, 1모터 방식의 기존 하이브리드 i-DCD(선대 피트)는 7단 DCT와 조합되었기 때문에 변속에 의해 구동력이 바뀌었다. 그 구동력 변화를 통해 전륜의 슬립양이 변동하기 때문에 후방 구동력도 변동했다.

모터가 직접적으로 구동하는 e:HEV 같은 경우는 전륜 슬립량을 최적으로 제어할 수 있기 때문에 후방 구동력이 안정적이다. 이것이 눈길에서 탔을 때 깔끔한 주행성능으로 이어진다. 소형 모터를 사용한 AWD와 달리 고속영역까지 기능을 유지할 수 있다는 점도 비스커스 방식의 장점이다.

우리가 전후독립 전동구동인 노트 e파워 4WD의 특이점을 처음 체험해 보았던 메가미호수(女神湖) 위의 정상 원선회 코스. 시승회 때 주로 탔던 노트 시리즈 외에 GT-R과 스카이라인 등도 준비되어, 기존 AWD 시스템이나 ESC 효과까지 체험할 수 있었다.

## NISSAN
# Intelligent Winter Drive

MFi
DRIVE
REPORT_2

## 극도로 마찰계수($\mu$)가 낮은 빙판 주행, 거기서 맛볼 수 있었던 전동AWD 제어의 신세계

2022년 1월 하순에 개최된 미디어 대상 시승회 「NISSAN Intelligent Winter Drive」
거기서 가장 인상적이었던 것은 e파워 4WD 시스템을 탑재한 노트 시리즈의 주행이었다.

본문 : 다카하시 잇페이  사진 : MFi  사진&수치 : 닛산

노트 e파워(e-POWER) 4WD로 빙판에서 정상 원선회 코스를 살금살금 달려본다. 스티어링을 꺾으면 간신히 코스 중심에 세워 둔 고깔콘 주변을 선회하지만, 자동차가 그리는 궤적에 비해 스티어링 조작량은 확실히 과대하다. 전형적인 언더 스티어 상태이다. 이런 상태에 빠지면 스티어링을 천천히 되돌리면서 액셀러레이터 답력을 부드럽게 빼는 것이 정석일 것이다. 반대로 거기서 액셀러레이터를 더 밟았더니 노트 e파워 4WD는 적당한 오버 스티어로 표정을 바꿔주었다.

이렇게 말하면 마치 처음부터 화려하게 잘 탔던 것처럼 보이지만,

사실 이것을 처음 체험했던 건 오텍 자팬에서 테스트 드라이버로 있는 다카자와씨가 운전한 노트 e파워 4WD에 동승했을 때이다. 애초에 필자는 어떻게 운전하면 좋은지 판단하지 못했는데, 이번 취재에 동행했던 가나가와 공과대학의 야마카도(山門)교수 왈 「이번 시승회의 목적에 관해 개발자 의견을 들어보자」는 조언을 듣고, 이 차의 AWD 시스템을 개발한 닛산의 도가시씨에게 도움을 요청했더니 추천해준 사람이 다카자와씨에 의한 "모범운전" 동승이었다.

시승장소였던 나가노현 메가미호수의 빙판 코스는 당일의 쾌청한

## 후륜모터에 의한 잠재력

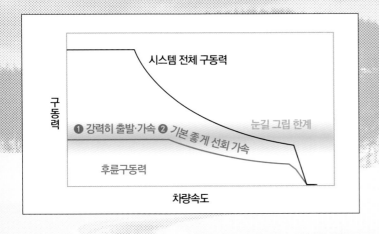

시스템 전체 구동력

구동력

❶ 강력히 출발·가속 ❷ 기본 좋게 선회 가속

눈길 그립 한계

후륜구동력

차량속도

## 가속의도에 맞게 후륜모터를 제어

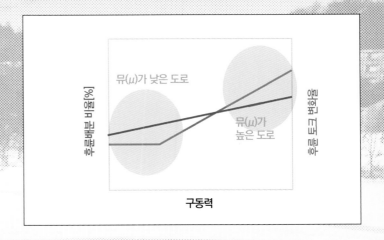

앞뒤 구동력 비율[%]

뮤(μ)가 낮은 도로

뮤(μ)가 높은 도로

후륜 토크 변화량

구동력

마찰계수 μ=0.1 이하로 추측되는 노면 컨디션에 의해 피칭이나 롤 같은 보디(상체) 거동이 거의 없는 가운데, 노트 시리즈 가운데서 가장 인상 깊었던 것이 오텍 크로스오버(위)와 오라(AURA). 전자는 무게중심 위치가 높은 만큼 보디 거동을 잡기 쉽고, 후자는 트레드 폭 확대로 인해 안정성이 향상. 각각 방향은 다르지만 극한과도 같은 상황 하에서 나름대로의 장점이 눈에 띄었다.

날씨와 거듭된 주행으로 인해 거울처럼 매끄럽게 변해, 직선에서도 약간의 경사만으로 진로가 바뀔 만큼 초저 마찰계수(μ) 상태였다. 아마도 마찰계수는 μ=0.1 이하였을 것으로 생각될 만큼, 야마카도 교수 같은 운전 실력을 갖고서도 애먹은 빙판 상태였다. 거기서 "언더 스티어"가 나오는 상태인데도 액셀러레이터를 더 밟는 상황은 지금까지의 상식으로는 맞지 않는 선택이다. 앞뒤 차 축이 프로펠러 샤프트로 기계적으로 연결된 일반적인 AWD 같으면 전륜과 후륜이 거의 같은 회전수로만 움직이기 때문에, 후륜에서 더 굵으려고 하면 전륜도 마찬가지로 굵게 되면서 언더 상태가 강화된다. 다카자와씨가 보여준 운전조작은 전후 독립적으로 구동을 제어할 수 있는 e파워 4WD이기 때문에 그런 움직임이 가능했던 것이다. 그야 말로 새로운 "탈 것"의 새로운 조작이 아닐 수 없다. 이것도 전동기술이 자동차에 가져온 변화 가운데 하나인 것이다.

## 선회할 때의 하중배분에 맞게 전후배분 비율을 보정

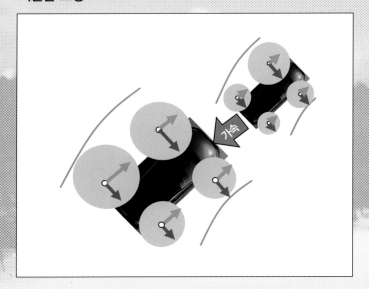

## 눈길 평탄도로에서의 차량 안정성(~40km/h)

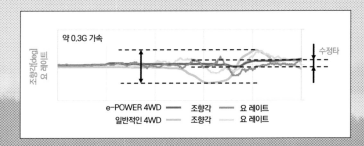

약 0.3G 가속

| e-POWER 4WD | 조향각 | 요 레이트 |
| 일반적인 4WD | 조향각 | 요 레이트 |

## 빙판도로 상에서 액셀러레이터 오프 때의 속도와 감속도

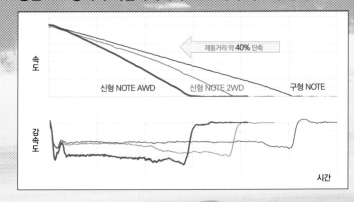

제동거리 약 **40%** 단축

속도

신형 NOTE AWD    신형 NOTE 2WD    구형 NOTE

감속도

시간

거울 표면 같은 정상 원선회 코스를 스티어링 중립 상태로 도는 노트 e파워 4WD. 우리가 참가한 당일에는 맑은 날씨에 기온이 약간 높은 탓도 있고 주행으로 인해 표면이 맨질맨질해져, 코스 위에서 이런 상태를 유지하는데 약간의 시간이 필요했다. 그 시간이란 언더 스티어가 나오는 시점에 더 액셀러레이터를 밟는, 지금까지는 금기시되었던 조작을 제대로 사용하기까지의 시간이다. e파워 4WD는 전혀 새로운 탈 것이었다.

오텍 자팬에서 시니어 익스퍼트 드라이버로 실험평가를 담당하는 다카자와 히토시(高澤 仁)씨. 니스모나 크로스오버 버전 개발을 통해 e파워 4WD 교정에 깊이 관여해 왔기 때문에 시스템의 작동을 가장 잘 파악하고 있는 사람 가운데 한 명이다. 난이도가 높은 노면상황을 아랑곳하지 않고 노트를 수족처럼 다루는 노련한 모습.

노트에 탑재되는 e파워 4WD 시스템을 개발한 도가시 히로유키(富樫 寬之)씨(좌)와 마쯔다에 적용되는 G벡터링 컨트롤 제안자인 가나가와 공과대학의 야마카도 교수(우). 도가시씨에 따르면 모든 운전자가 운전한다는 점을 고려해 오버 스티어로 옮겨가는 것은 일부러 억제했다고 한다.

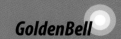

# Motor Fan
## illustrated

**Vol 1**

친환경자동차

**Vol 2**

F1 머신
하이테크의 비밀

**Vol 3**

엔진 테크놀로지

**Vol 4**

하이브리드의 진화

**Vol 5**

트랜스미션
오늘과 내일

**Vol 6**

가솔린 · 디젤
엔진의 기술과 전략

**Vol 7**

튜닝 F1 머신
공력의 기술

**Vol 8**

드라이브 라인
4WD & 종감속기어

**Vol 9**

자동차 디자인

**Vol 10**

조향 · 제동 속업소버

**Vol 11**

전기 자동차 기초 &
하이브리드 재정의

**Vol 12**

신소재 자동차 보디

**Vol 13**

타이어 테크놀로지

**Vol 14**

자동변속기 · CVT

**Vol 15**

디젤 엔진의 테크놀로지